Phuong Nguyen Tri
Rachid El Aidani
Toan Vu-Khanh

Durabilité des médias filtrants non-tissés en polyester

Phuong Nguyen Tri
Rachid El Aidani
Toan Vu-Khanh

Durabilité des médias filtrants non-tissés en polyester

Analyse et développement de nouveaux matériaux de filtration

Presses Académiques Francophones

Impressum / Mentions légales
Bibliografische Information der Deutschen Nationalbibliothek: Die Deutsche Nationalbibliothek verzeichnet diese Publikation in der Deutschen Nationalbibliografie; detaillierte bibliografische Daten sind im Internet über http://dnb.d-nb.de abrufbar.
Alle in diesem Buch genannten Marken und Produktnamen unterliegen warenzeichen-, marken- oder patentrechtlichem Schutz bzw. sind Warenzeichen oder eingetragene Warenzeichen der jeweiligen Inhaber. Die Wiedergabe von Marken, Produktnamen, Gebrauchsnamen, Handelsnamen, Warenbezeichnungen u.s.w. in diesem Werk berechtigt auch ohne besondere Kennzeichnung nicht zu der Annahme, dass solche Namen im Sinne der Warenzeichen- und Markenschutzgesetzgebung als frei zu betrachten wären und daher von jedermann benutzt werden dürften.

Information bibliographique publiée par la Deutsche Nationalbibliothek: La Deutsche Nationalbibliothek inscrit cette publication à la Deutsche Nationalbibliografie; des données bibliographiques détaillées sont disponibles sur internet à l'adresse http://dnb.d-nb.de.
Toutes marques et noms de produits mentionnés dans ce livre demeurent sous la protection des marques, des marques déposées et des brevets, et sont des marques ou des marques déposées de leurs détenteurs respectifs. L'utilisation des marques, noms de produits, noms communs, noms commerciaux, descriptions de produits, etc, même sans qu'ils soient mentionnés de façon particulière dans ce livre ne signifie en aucune façon que ces noms peuvent être utilisés sans restriction à l'égard de la législation pour la protection des marques et des marques déposées et pourraient donc être utilisés par quiconque.

Coverbild / Photo de couverture: www.ingimage.com

Verlag / Editeur:
Presses Académiques Francophones
ist ein Imprint der / est une marque déposée de
OmniScriptum GmbH & Co. KG
Heinrich-Böcking-Str. 6-8, 66121 Saarbrücken, Deutschland / Allemagne
Email: info@presses-academiques.com

Herstellung: siehe letzte Seite /
Impression: voir la dernière page
ISBN: 978-3-8416-2519-9

Zugl. / Agréé par: École de technologie Supérieure, Montréal, QC, CANADA 2014

Copyright / Droit d'auteur © 2015 OmniScriptum GmbH & Co. KG
Alle Rechte vorbehalten. / Tous droits réservés. Saarbrücken 2015

DURABILITÉ DES MÉDIAS FILTRANTS NON-TISSÉS EN POLYESTER

Auteurs : **Phuong Nguyen Tri, Rachid El Aidani, Toan Vu-Khanh**

Département de génie mécanique, ÉTS, Montréal, CANADA

TABLE DES MATIÈRES

INTRODUCTION 10

CHAPITRE 1 : ETUDE BIBLIOGRAPHIQUE 14
1.1 Médias filtrants non-tissés 14
1.2 Technique de fabrication 15
1.3 Caractéristiques des médias filtrants 18
    1.3.1 Perte de charge 18
    1.3.1 Efficacité 19
    1.3.2 Colmatage 19
        1.3.2.1 Généralités 19
        1.3.2.2 Mécanisme et influence du colmatage lors de la filtration 20
1.4 Durabilité des médias filtrants 25

CHAPITRE 2 : PARTIE EXPÉRIMENTALE 31
2.1 Introduction 31
2.2 Protocole expérimental 32
    2.2.1 Matériaux utilisés 32
        2.2.1.1 Médias filtrants TXC-10 32
        2.2.1.2 Produits chimiques 32
    2.2.2 Méthodologie pour les tests de vieillissement du média filtrant 33
        2.2.2.1 Vieillissement combiné de la température, du rayonnement solaire et de l'humidité 33
        2.2.2.2 Vieillissement sous conditions environnementales agressives .. 34
2.3 Techniques d'analyses 36
    2.3.1 Propriétés mécaniques 36
        2.3.1.1 Résistance de traction 36
        2.3.1.2 Résistance à la déchirure 37
        2.3.1.3 Résistance au poinçonnement 38
    2.3.2 Analyses de la composition chimique par FTIR 39
    2.3.3 Analyse chimique par mesure de la viscosité intrinsèque 41
    2.3.4 Analyse calorimétrie différentielle à balayage (DSC) 43
    2.3.5 Analyse thermogravimétrique (TGA) 45
    2.3.6 Analyse morphologique par microscope électronique à balayage (MEB) 46
    2.3.7 Analyse par diffraction de rayon X 47

CHAPITRE 3 : CARACTÉRISATION DU MEDIA FILTRANT 51
3.1 Identification de la nature du matériau 51
    3.1.1 Nature du matériau 51
    3.1.2 Diffraction des rayons X 53
3.2 Caractérisation des propriétés physiques 54
    3.2.1 Masse surfacique et l'épaisseur 54
    3.2.2 Diamètre des fibres 55
3.3 Caractérisation des propriétés mécaniques 56
    3.3.1 Résistance à la traction 56
    3.3.2 Résistance à la déchirure 57

		3.3.3	Résistance au poinçonnement 58
3.4	Analyse morphologique 59

CHAPITRE 4 : DURABILITÉ DES MÉDIAS FILTRANTS 61

4.1	Vieillissement combiné de la température, du rayonnement solaire et de l'humidité 61
	4.1.1 Variation des propriétés mécaniques 62
	4.1.2 Analyse des changements morphologiques 64
	4.1.3 Analyse structurale 66
	4.1.4 Changement de la masse molaire 71
4.2	Vieillissement sous conditions environnementales agressives 72
	4.2.1 Analyse des changements morphologiques 72
	4.2.2 Analyse chimique par mesure de la masse molaire Mn 75
	4.2.3 Analyse de la cristallinité 77
	4.2.4 Analyses thermogravimétriques 79
	4.2.5 Effet sur les propriétés mécaniques 81
	4.2.5.1 Effet sur la force de traction 81
	4.2.5.2 Effet sur la résistance à la déchirure 87
	4.2.5.3 Effet sur la résistance au poinçonnement 90
4.3	Étude de la cinétique du vieillissement 94

CONCLUSION ET PERSPECTIVES 99

LISTE DE RÉFÉRENCES BIBLIOGRAPHIQUES 102

LISTE DES TABLEAUX

Tableau 1: Évolution de la perte de charges des médias filtrants non-tissés par les différents types d'aérosols.. 23

Tableau 2 : Caractéristiques du Média filtrant TXC-10 en polyester........................... 32

Tableau 3 : Bandes caractéristique du matériau à l'état neuf....................................... 52

Tableau 4 : Valeurs de la masse surfacique et l'épaisseur du matériau à l'état neuf 54

Tableau 5 : Changements des bandes d'absorption du matériau vieilli et non-vieilli dans une chambre d'essai accélérée... 67

Tableau 6 : Évolution de la température de décomposition du matériau. 81

Tableau 7 : Valeurs des durées de vie correspondant à une diminution de 40% de la force de déchirure 95

LISTE DES FIGURES

Figure 1 : Mécanismes de séparation des médias filtrants (Hache 1997).................. 14

Figure 2 : Non tissé Cellulose/Polyester par voie humide (Coste 2004) 15

Figure 3 : Non tissé Cellulose/Polyoléfine par voie sèche aérodynamique (Coste 2004) 17

Figure 4 : Non tissé Géotextile obtenu par extrusion (Coste 2004) 17

Figure 5: Non tissé obtenu par le procédé MeltBlown (Coste2004) 18

Figure 6 : Géotextiles : fonctions, caractéristiques et dimensionnement (Lambert 2000) 20

Figure 7: Évolution de la perte de charge et de l'efficacité au cours du colmatage d'un filtre par un aérosol solide micronique (Bemer 2006) 21

Figure 8 : Évolution de la perte de charge et de la pénétration d'un filtre THE pendant le colmatage par un aérosol liquide (Bemer 2006)..................... 21

Figure 9 : Comparaison des différents pourcentages de perte de charges en fonctions du temps (Bemer 2006) 22

Figure 10 : Les différentes sollicitations subies par un géotextile (Rollin 1999) 25

Figure 11: Variation de propriété fonctionnelle en fonction du temps (Rollin2004)... 26

Figure 12 : Fibres synthétiques dégradées par rayonnement ultraviolet................... 29

Figure 13 : Ensemble des échantillons à traiter aux rayons de xénon (UV) et à la variation de l'humidité et de la chaleur.. 33

Figure 14 : a- Chambre de vieillissement ; b- Ensemble des tests à effectuer.......... 35

Figure 15: Machine de traction universelle Alliance 2000 (MTS) 36

Figure 16 : Géométrie et dimensions des échantillons utilisés dans les tests de déchirure. 38

Figure 17 : Principe du test de déchirure, machine de l'ETS................................... 38

Figure 18 : Montage pour les tests de poinçonnement, machine de l'ETS 39

Figure 19 : FT-IR Nicolet 6700, machine de l'ETS 40

Figure 20 : Schéma d'un viscosimètre Ubbelohde utilisé dans notre étude afin de mesurer la viscosité dynamique, instrument de l'ETS 42

Figure 21 : DSC Perkin Elmer, machine de l'ETS 43

Figure 22 : ATG PERKIN ELMER, machine de l'ETS 45

Figure 23 : Principe de fonctionnement d'un MEB, machine de l'ETS 46

Figure 24 : Principe de diffraction des rayons X, machine de l'ETS. 47

Figure 25 : Principe de la loi de Bragg. 48

Figure 26 : Diffraction des rayons X d'un polymère semi cristallin. 49

Figure 27 : Spectre infrarouge FTIR-ATR du matériau à l'état neuf 51

Figure 28 : Distribution spectrale d'une émission X pour le matériau à l'état neuf ... 53

Figure 29 : Distribution du diamètre des fibres 55

Figure 30 : Allure des courbes de traction du matériau à l'état neuf 57

Figure 31 : Courbe d'essai de déchirure du matériau à l'état neuf 58

Figure 32 : Courbe d'essai de poinçonnement du matériau à l'état neuf 58

Figure 33 : Morphologie du matériau à l'état neuf à différentes échelles observée par MEB 59

Figure 34 : Morphologie du matériau à l'état neuf en profondeur observée par MEB 60

Figure 35 : Variation de la force de traction à différentes durées de vieillissement. .. 63

Figure 36 : Variation de l'allongement à la rupture à différentes durées de vieillissement. 64

Figure 37 : Images de la surface des fibres du media filtrant TXC-10 vieilli et non-vieilli observées par MEB. 65

Figure 38 : Spectres FT-IR en mode ATR des échantillons vieillis et non vieillis en fonction du nombre d'ondes. 66

Figure 39 : Mécanisme de la dégradation thermo-oxydative du PET (Venkatachalam 2012) 69

Figure 40 : Mécanisme de la formation des groupements d'éthylène (Venkatachalam 2012) 70

Figure 41 : Évolution de la masse molaire Mn en fonction de la durée de vieillissement 71

Figure 42 : Image MEB de fibres du matériau non vieillies 72

Figure 43 : Images MEB de fibres du matériau vieillies à pH 2-Tamb et pH 2-80°C durant 4 semaines 73

Figure 44 : Images MEB de fibres du matériau vieillies à pH 7-Tamb et pH 7- 80°C durant 4 semaines 74

Figure 45 : Images MEB de fibres du matériau vieillies à pH 12-Tamb et 12-80°C durant4 semaines 75

Figure 46 : Évolution de la masse molaire du matériau en fonction du temps et du pH 76

Figure 47 : Spectres du DRX du media filtrant non vieilli et vieilli à pH12-80C durant deux semaines 78

Figure 48 : Évolution de la cristallinité du matériau en fonction de temps de vieillissement 79

Figure 49 : Thermogramme du matériau non vieilli et vieillie aux différents pH à 80°C 80

Figure 50 : Exemple des courbes contrainte-déformation d'un échantillon vieilli à pH12-80°C 82

Figure 51 : Évolution de la force de traction en fonction du temps à différentes températures (pH 2) 83

Figure 52 : Évolution de la force de traction en fonction du temps à différentes températures (pH 7) 84

Figure 53 : Évolution de la force de traction en fonction du temps à différentes températures (pH 12) 84

Figure 54 : Évolution de l'allongement à la rupture en fonction du temps à différentes températures (pH 2) 85

Figure 55 : Évolution de l'allongement à la rupture en fonction du temps à différentes températures (pH 7) 86

Figure 56 : Évolution de l'allongement à la rupture en fonction du temps à différentes températures (pH 12) 86

Figure 57 : Exemples de courbes de déchirures force-déplacement obtenues pour différents temps de vieillissement pH 12-80°C. 87

Figure 58 : Évolution de la force de déchirure en fonction du temps à différentes températures (pH 2) 88

Figure 59 : Évolution de la force de déchirure en fonction du temps à différentes températures (pH 7) 89

Figure 60 : Évolution de la force de déchirure en fonction du temps à différentes températures (pH 12) 89

Figure 61 : Évolution de la force de poinçonnement en fonction du temps à différentes températures (pH 2) 91

Figure 62 : Évolution de la force de poinçonnement en fonction du temps à différentes températures (pH 7) 91

Figure 63: Évolution de la force de poinçonnement en fonction du temps à différentes températures (pH 12) 92

Figure 64 : Spectre IR du media filtre en PET non vieilli et vieilli pH 12- 80°C pendant 4 semaines 94

Figure 65: Détermination des paramètres de la loi d'Arrhenius à partir des courbes de force de déchirure (40%) 96

Figure 66 : Détermination des paramètres de la loi d'Arrhenius à partir des courbes de force de déchirure (pH2) 97

Figure 67 : Détermination des paramètres de la loi d'Arrhenius à partir des courbes de force de déchirure (pH7) 97

LISTE DES ABRÉVIATIONS, SIGLES ET ACRONYMES

ATG	Analyse thermogravimétrique
ATR	Réflexion totale atténuée (Attenuated Total reflectance)
ASTM	American Society for Testing and Materials
DSC	Calorimétrie différentielle à balayage (Differential Scanning Calorimetrie)
E_a	Energie d'activation
FTIR	Spectroscopie infrarouge a transformée de Fourier (Fourier transform infrared spectroscopy)
IR	Rayon infrarouge
Mn	Masse molaire en nombre
MEB	Microscope électronique à balayage
MTS	Machine de traction universelle
PET	Polyéthylène téréphtalate
pH	Potentiel hydrogène
PP	Polypropylène
R	Constante des gaz parfaits
THE	Très haute efficacité
T	Température
Tamb	Température ambiante
UV	Rayonnement Ultraviolet
Xc	Taux de cristallinité
µ	Viscosité

INTRODUCTION

Au cours de ces dernières années, les médias filtrants, en particulier les non-tissés, ont fait l'objet de nombreuses recherches. Tant sur l'étude fondamentale que sur les applications industrielles. Il s'agit d'un domaine de recherche multidisciplinaire qui combine plusieurs sciences: chimiques, physiques, et mécaniques, incluant la simulation numérique des matériaux.

Les médias filtrants sont étudiés et exploités depuis les années 70, et restent néanmoins des matériaux très employés avec un taux de croissance annuel de 9%. Pour les pays émergents comme la Chine ou l'Inde, ce taux peut atteindre jusqu'à 15% (Payen 2009). Aujourd'hui, la consommation mondiale des médias filtrants est d'environ 2,5 milliards dollars(USD) et pourra monter à 3,5 milliards dollars (USD) d'ici 2015 (BBC 2011). Ces matériaux sont employés à la fois pour des utilisations domestiques quotidiennes (comme pour la filtration de l'eau de la piscine par exemple) ainsi que pour des utilisations dans des secteurs de haute technologie (comme les secteurs automobile et aéronautique par exemple) tout comme dans le secteur du Génie Civil. Bien que leurs fonctions soient très proches, on distingue deux types de médias filtrants : les tissés et les non tissés. Ils sont fabriqués à partir de fibres naturelles ou synthétiques en fonction de l'application recherchée. La nanotechnologie est parfois impliquée, par exemple pour produire des médias filtrants en nano-fibres.

Les trois caractéristiques les plus importants pour ce type de matériau sont la stabilité en utilisation (perte de charge), la taille des pores ainsi que l'efficacité du filtrage. L'amélioration des technologies des médias filtrants au niveau de la conception est basée principalement sur l'amélioration de ces trois points. Il existe à l'heure actuelle plusieurs approches scientifiques différentes pour définir les médias filtrants. Cependant, les diverses catégories de médias filtrants se différencient en fonction les trois méthodes de fabrication: obtention par voie fondue, par voie sèche et par voie humide (Vaughn 2013).

Le choix de la méthode de fabrication des médias filtrants adéquats dépend de l'application recherchée. Actuellement, les médias filtrants non-tissés sont les plus utilisés car ils apportent de nombreux avantages par rapport aux tissés tels qu'une meilleure stabilité et de meilleures propriétés. Les non-tissés sont également plus homogènes et moins coûteux pour une large gamme de densité (Payen 2009).

Avec des normes de sécurité de plus en plus restrictives et l'augmentation des exigences pour des applications spécifiques, les technologies et les procédés de fabrication des médias filtrants évoluent continuellement. Il s'agit par exemple du besoin d'une meilleure efficacité de filtration, d'une réduction de la chute de pression ou d'une durabilité accrue. L'obtention d'une efficacité optimale des médias filtrants dans différentes applications nécessite une maîtrise parfaite de leurs comportements en fonction des conditions en service. Par exemple les géotextiles, soumis aux mécanismes de compression et d'étirement, peuvent subir des endommagements mécaniques importants. Le problème devient plus complexe lorsque l'influence du liquide (viscosité, température, pH...) et l'évolution du comportement dans le temps doivent être prises en considération dans la conception du système (Wett 2005). Il est donc essentiel d'établir des corrélations entre les propriétés des filtres, la structure et la surface spécifique des fibres, afin d'aboutir à une optimisation de l'efficacité des médias filtrants. Cette amélioration de l'efficacité des filtres passe nécessite l'élaboration de modèles de transport permettant de prédire leurs comportements en fonction des conditions en service.

Notre objectif global de est de mieux comprendre des nouveaux médias filtrants auto-adaptatifs à partir de matériaux non-tissés dans des diverses domaines d'application, par exemple, des capacités antibactériennes, antivirales, désinfectantes, etc. (Fangy 2008). Afin de permettre la filtration des particules de plus en plus petites, une solution très prometteuse se base sur l'utilisation de nano-fibres (Barhate 2007), dont la très grande surface des fibres peut, à son tour, servir de site pour d'autres fonctionnalisation (Daels 2011). Enfin, il peut être possible de créer des médias filtrants auto-adaptatifs, dont l'espace poral à simple ou double échelle évolue en fonction de conditions thermo-hydro-chimio-mécaniques induites ou contrôlées. Les applications industrielles visées par ce projet possèdent un très fort potentiel d'intérêt pour les entreprises dans les secteurs des géotextiles, médicaux, des équipements de protection, de l'environnement et de la purification industrielle.

Ce livre présente les premiers résultats sur la caractérisation de la morphologie, des propriétés, de la structure et de la durabilité d'un nouveau média filtrant non-tissé en PET dans différentes conditions d'utilisation. Nous présenterons d'abord un point de vue global sur l'ensemble des caractéristiques de ces matériaux, ensuite les techniques et méthodes appropriées permettant de caractériser leurs propriétés mécaniques, physico-chimiques et morphologiques. La deuxième partie de ce livre permet d'analyser le comportement des médias filtrants dans les conditions d'utilisation, en examinant la durabilité du média filtrant dans des milieux agressifs (acide ou basique) ainsi que l'effet du vieillissement combiné de la température, l'humidité et les rayonnements solaire. Ce livre se terminera par des conclusions et perspectives pour les prochaines étapes du projet.

CHAPITRE 1 : ETUDE BIBLIOGRAPHIQUE

1.1 Médias filtrants non-tissés

Les non tissés sont des matériaux textiles constitués de voiles ou de nappes de fibres orientées d'une manière aléatoire et liées entre elles par des forces de friction et/ou cohésion et/ou adhésion. Selon la définition de Purchas (Purchas 2002), «Les médias filtrants sont des matériaux poreux qui possèdent des caractéristiques spécifiques par leur nature chimique, leurs structures, leurs porosités et les dimensions de leurs pores. Un média filtrant est un matériau perméable pour un ou plusieurs composants d'un mélange. Il est imperméable aux autres composants et peut agir en surface ou en profondeur. Les composants retenus peuvent être de particules solides, des gouttelettes de liquide, de la matière colloïdale, des ioniques ou moléculaires» (Figure 1).

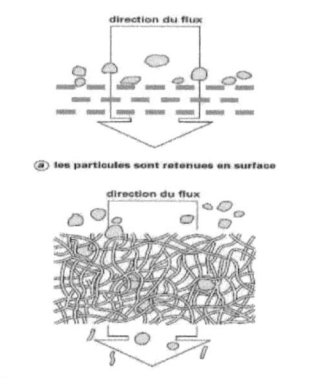

Figure 1 : Mécanismes de séparation des médias filtrants
(ache 1997)

1.2 Technique de fabrication

La fabrication des nappes non tissés est devenue une industrie à part entière, et utilise principalement trois procédés de fabrication.

- Par voie humide

Ce procédé est dérivé de la fabrication du papier. Son principe consiste à incorporer des fibres de diverses natures (notamment des fibres de verre et de cellulose pour le cas de filtration) dans une grande quantité d'eau pour former une pâte. Cette pate est filtrée sur des tapis roulants et essorée par pressage entre des éléments en feutre. Au cours de l'opération, on ajoute souvent un liant qui assure le liage du voile pendant le séchage. Les non-tissés obtenus par ce procédé sont plutôt isotrope, homogène et ferme, ce qui explique leur utilisation dans la fabrication de filtre à haute et ultra haute efficacité. La figure 2 montre un exemple de non tissé à base de cellulose polyester fabriqué par voie humide.

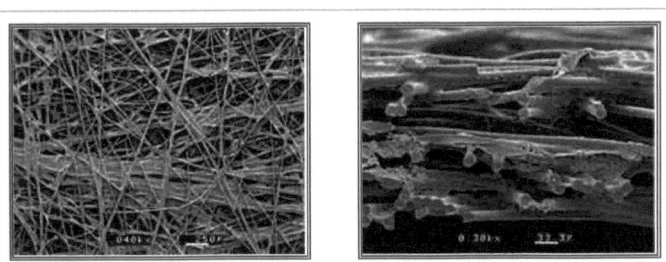

Figure 2 : Non tissé Cellulose/Polyester par voie humide (Coste 2004)

- Par voie sèche

Cette méthode est la plus répandue et plus simple à mettre en œuvre. Les non tissés sont obtenues par cardage ou à partir d'un procédé aérodynamique.

⇨ Par cardage :

Le cardage est l'une des techniques de base de l'industrie textile. C'est un procédé mécanique qui commence par l'ouverture des balles de fibres, lesquelles sont ensuite mélangées et amenées à la cardeuse via un tapis roulant. Celle-ci est formée d'un ou de plusieurs tambours rotatifs hérissés de fils fins ou de dents qui peignent les fibres pour former une sorte de voile. La configuration des cardes dépendra très précisément du poids prévu pour le non tissé ou de l'orientation envisagée des fibres.

⇨ Procédé aérodynamique :

Ce procédé est souvent appelé «Airlaid». Son principe consiste à amener et à faire passer les fibres à travers des cylindres rotatifs perforés ou des systèmes de distribution pour former un voile sur une toile transporteuse. Les fibres utilisées doivent être plus courtes que dans le procédé par cardage. La figure 3, représente un non-tissé de cellulose/Polyoléfine fabriqué par procédé aérodynamique et consolidé avec une liaison thermo-adhésive.

 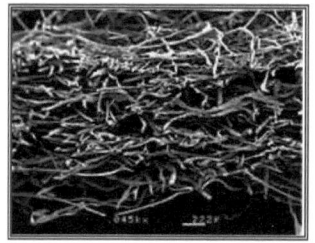

Figure 3 : Non tissé Cellulose/Polyoléfine par voie sèche aérodynamique (Coste 2004)

- Par voie fondue:

Le stade initial de ce procédé est similaire à celui de la production des fibres chimiques. Les filaments sont extrudés à travers des filières, étirés et refroidis par voie pneumatique et réceptionnés sur un tapis mobile avant la consolidation. On peut distinguer deux techniques de fabrication pour ce procédé :

⇨ Technique d'extrusion (spunbonding) qui permet d'obtenir des fibres de diamètre variant entre 13µm et 16µm (Figure 4).

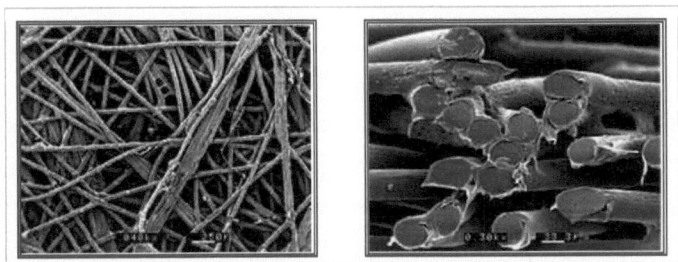

Figure 4 : Non tissé Géotextile obtenu par extrusion (Coste 2004)

⇨ Technique d'extrusion soufflage (Melt blown) qui permet d'obtenir des fibres de diamètre variante entre 2 µm et 5 µm (Figure 5)

 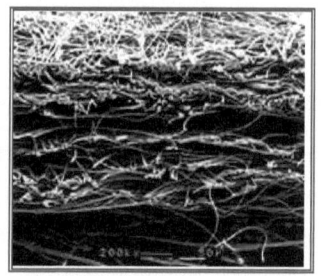

Figure 5: Non tissé obtenu par le procédé MeltBlown (Coste2004)

1.3 Caractéristiques des médias filtrants

Les performances des médias filtrants sont généralement caractérisées par leur perte de charge et par leur efficacité de filtration.

1.3.1 Perte de charge

La perte de charge caractérise la résistance à l'écoulement des médias filtrants. L'évolution de la perte de charge au cours de la filtration s'avère être un paramètre très important pour déterminer la durée de vie et la qualité des médias filtrants. La perte de charge ΔP se définie comme la différence des pressions statiques en amont P_{amont} et en aval P_{aval} du média filtrant:

$$\Delta P = P_{amont} - P_{aval}$$

Plusieurs expressions de la perte de charge en fonction des hypothèses faites sur la représentation du matériau et du régime d'écoulement sont proposées. (Thomas 2001) a comparé différents modèles théoriques à des données expérimentales. Il a constaté qu'aucun modèle ne permet d'observer l'ensemble des valeurs expérimentales. De plus, ces modèles ne prennent pas en considération la polydispersion dans la structure des fibres. Il constate que les fibres ne peuvent pas être uniquement caractérisées par un diamètre moyen et le seul modèle empirique encore en usage aujourd'hui est celui de (Davies 1973).

1.3.1 Efficacité

Il s'agit du deuxième paramètre important permettant d'évaluer la qualité du filtre. C'est la capacité d'un filtre à pouvoir capturer des particules, elle est donnée par :

$$E = \frac{Ce - Cs}{Ce}$$

Où C_e et C_s sont les concentrations en particules pour une taille donnée respectivement à l'amont et à l'aval du média filtrant.

1.3.2 Colmatage

1.3.2.1 Généralités

Pendant la filtration, un grand nombre de particules assez fines ne sont pas retenues par le média filtrant (dû à son efficacité). Le passage de ces particules dans le système de drainage s'appelle l'érosion, alors que la rétention de ces particules dans la structure constitue le colmatage. Les particules qui sont plus larges que les pores du média filtrant peuvent congestionner ou obstruer ces ouvertures à la surface. Le colmatage ainsi que l'engorgement de surface diminuent la perméabilité, donc l'efficacité et la durée de vie.

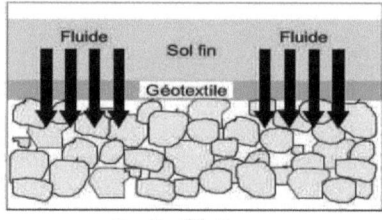

Figure 6 : Géotextiles : fonctions, caractéristiques et dimensionnement (Lambert 2000)

1.3.2.2 Mécanisme et influence du colmatage lors de la filtration

Le média filtrant doit empêcher le plus possible le passage des particules à filtrer tout en laissant passer le liquide transporteur. Pour le drainage du sol, la perméabilité du média filtrant doit ainsi être supérieure à celle du sol à filtrer. La filtration doit faire un compromis entre l'érosion interne du sol par perte de fines particules et le colmatage du filtre qui peut causer une augmentation de pression entre les fibres, nuisible à l'utilisation.

De nombreux auteurs (Frising 2004, Bemer 2006, Contal 2004, Thomas 2001, Raynor 2000, Frising 2003) se sont intéressés au phénomène de colmatage au sein des médias filtrants non-tissés par des aérosols liquides et/ou solides. L'efficacité et la perte de charge des médias filtrants non-tissés en fonction de la masse de particules générées sont différentes selon la nature des particules, solides ou/et liquides:

Pour les aérosols solides, l'efficacité (E) ainsi que la perte de charge (ΔP) augmentent avec le temps, ce qui n'est pas le cas pour la perméabilité. (Figure 7).

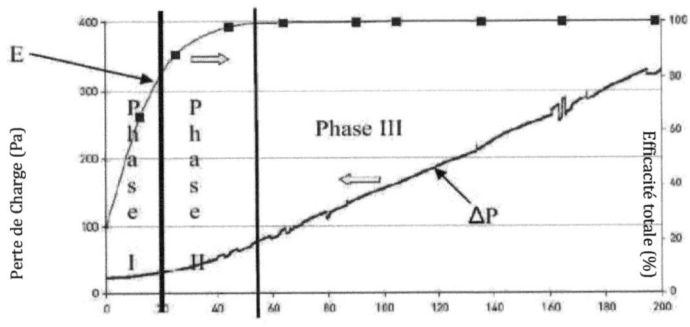

Figure 7: Évolution de la perte de charge et de l'efficacité au cours du colmatage d'un filtre par un aérosol solide micronique (Bemer 2006)

Pour les aérosols liquides, la perte de charge (ΔP) ainsi que la perméabilité augmentent avec le temps (Figure 8).

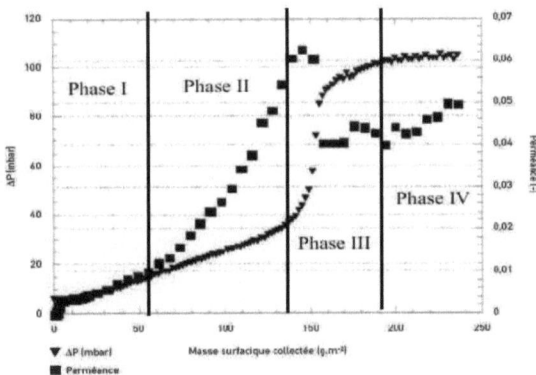

Figure 8 : Évolution de la perte de charge et de la pénétration d'un filtre THE pendant le colmatage par un aérosol liquide (Bemer 2006)

Dans le cas d'un mélange solides-liquides, la perte de charge évolue plus vite que celle d'un solide ou d'un liquide séparément. On remarque aussi que la perte de charge d'un aérosol liquide seul et plus importante qu'un aérosol solide seul (Figure 9).

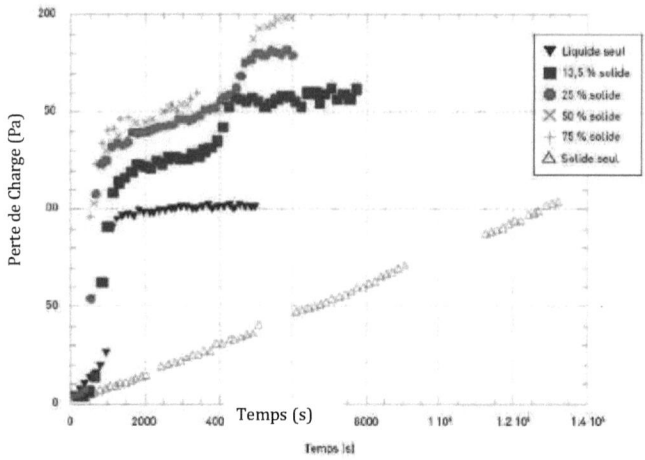

Figure 9 : Comparaison des différents pourcentages de perte de charges en fonctions du temps (Bemer 2006)

Il est intéressant de remarquer que l'évolution de la perte de charges des médias filtrants non-tissés créée par les différents types d'aérosols possède plusieurs phases, comme synthétisé dans le tableau 1 ci-dessous :

Tableau 1: Évolution de la perte de charges des médias filtrants non-tissés par les différents types d'aérosols

Type Aérosols	Évolution au cours du temps				Colmatage du média filtrant
	Phase 1	Phase 2	Phase 3	Phase 4	
Solide	Particules collectées dans le filtre	Dépôt de particules commençant à apparaitre en surface du filtre. [Photo a & b]	Conditionnée par la filtration en surface		*Photo a & b– Colmatage par des aérosols solides. A gauche, particules submicroniques – forment des dendrites- à droite, particules microniques-forment des agrégats.*
Liquide	Perles de gouttelettes collectées se déposent sur les fibres [Photo c]	Les gouttes se réunissent sur les fibres	Formation de pont liquide aux interstices des fibres [Photo d]	Canalisation du liquide et drainage a la base du filtre	*Photo c & d – Vue au microscope des phases de colmatage d'un filtre THE pour un aérosol liquide.*

Le colmatage représente un dysfonctionnement du média filtrant en réduisant la taille des ports. On observe trois types de colmatage principaux : le colmatage de surface, le colmatage interne et l'érosion interne.
Le colmatage de surface apparait lors d'une accumulation de particules en amont du média filtrant (comme une arrivée de boue par exemple)
⇨ *Conséquences : perméabilité insuffisante se traduisant par une teneur élevée en particules du sol ainsi qu'une pression interstitielle importante.*

Le colmatage interne correspond à une trop grande rétention de particules à l'intérieur du média filtrant non tissé.
⇨ *Conséquences : rétention excessive.*

L'érosion interne surgit lorsque le passage de particules à travers le média filtrant persiste, qui se traduit par un transport excessif de particules à travers le filtre (c'est-à-dire en excès par rapport au transport désirable à travers le filtre).
⇨ *Conséquences : rétention insuffisante avant comme après le média filtran, Le transport abusif de particules peut aussi avoir des conséquences nuisibles. Un affaissement du sol peut être généré par le départ de particules ainsi que l'arrivée de particules peut créer un colmatage du drain.*

Il existe aussi le colmatage chimique par le phénomène d'oxydation ferrique au sein du média, ainsi que le colmatage bactériologique, due au développement d'activité microbienne (colonies de microorganismes).
Ces situations de colmatage sont à prendre en compte en amont de la conception des médias filtrants non-tissés pour le sol, ce qui nécessite une connaissance au préalable des caractéristiques du sol (Lambert 2000) :

sa granulométrie : l'ouverture de filtration O_F du média filtrant doit être inférieure au d_{85} du sol (85 % des particules du sol ont un diamètre supérieur à O_F)

sa compacité : plus un sol est dense, moins il est sensible à l'érosion interne

sa perméabilité : le média filtrant doit être plus perméable que le sol à l'amont pour ne pas freiner l'écoulement

sa souplesse : plus le média filtrant est souple par rapport au sol, plus il peut s'adapter au relief du sol et limiter ainsi le déplacement de particules de sol pouvant conduire au colmatage du système.

1.4   Durabilité des médias filtrants

Les médias filtrant en textile non tissé sont généralement composés des matériaux polymères dont les propriétés sont affectées par les différents agents de vieillissement tels que le milieu aqueux (acide ou base), la température, l'humidité et les rayons UV.... (Figure 10).

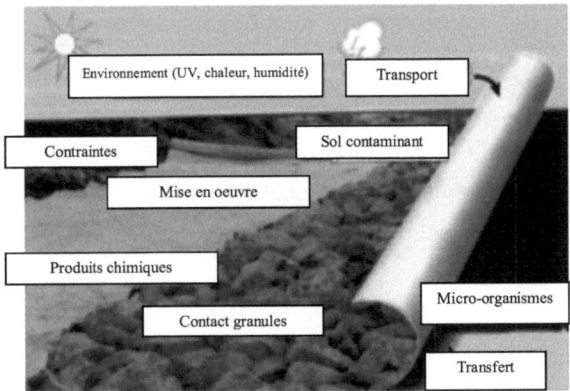

Figure 10 : Les différentes sollicitations subies par un géotextile (Rollin 1999)

En général, la dégradation du matériau textile ne peut pas être directement détectée par des observations visuelles. Des changements dans la structure chimique des fibres peuvent se produire et les performances ou les propriétés de ces matériaux changent avec le temps (Figure 11) (Slater 1985; Slater 1986; Slater 1987).

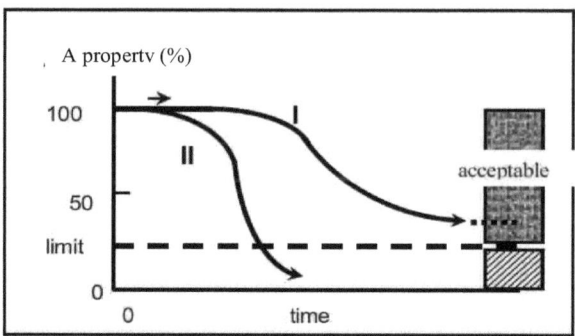

Figure 11: Variation de propriété fonctionnelle en fonction du temps (Rollin2004)

La dégradation des médias filtrants peut être initiée directement par l'attaque chimique des acides ou des alcalines ou indirectement par les déchets actifs présents dans l'environnement. Selon le milieu d'utilisation, des changements du polymère peuvent être provoqués par l'oxydation, la scission de la chaîne, la réticulation, le gonflement ou la dissolution des polymères, la volatilisation ou l'extraction des additifs, ou même une augmentation ou une diminution de la cristallinité du polymère.

Un grand nombre d'informations ont été compilées concernant la résistance chimique des polymères utilisés dans la fabrication de géotextiles. Horz (1986) et Cassidy (1992) ont étudiés les changements des résistances de différents matériaux géosynthétiques aux produits chimiques courants. Halse

(1987) ont étudiés les effets des niveaux élevés d'alcalinité sur le flux et le comportement en traction de plusieurs géotextiles. Le vieillissement accéléré dans un environnement chimique a été également étudiée pour prédire la durée de vie des géotextiles en PET (polyester) et PP (polypropylène). Cassidy (1990) et Koerner (1992) ont suggéré l'utilisation du modèle d'Arrhenius pour prédire la durée de vie des géosynthétiques en étudiant l'effet de vieillissement accélérée sur les changements des propriétés physiques et mécaniques.

Il a été montré que les non tissés en polyester présentent une résistance limitée aux acides et alcalins forts. Sprague et al. (Sprague 1990) ont étudié le vieillissement des géotextiles en polyester à 22°C et 50°C pendant 120 jours dans un milieu alcalin (pH=12). Ces auteurs ont observés une forte sensibilité du polyester à l'hydrolyse, surtout lors d'une augmentation de la température.

Mathur et al. (Marthur 1994) ont étudié le vieillissement des géotextiles en polyester à la température ambiante et à une température élevée de 95°C pendant six mois, dans des solutions de pH 3, pH 8 et pH 10. Différentes techniques ont été utilisées pour donner une meilleure compréhension de la durabilité du polyester. Les résultats obtenus indiquent une diminution de la force de traction. Le polyester subit une dégradation par hydrolyse dans les conditions acides et alcalines et au-dessus de la température de transition vitreuse. En fin, le modèle d'Arrhenius a été appliquée avec succès pour extrapoler les résultats à court terme afin de déterminer la durée de vie à long terme du géotextile en polyester.

Laetitia et al. (Laetitia 2009) ont effectué une étude sur la durabilité des géotextiles en polyester dans les milieux modérément alcalins (pH 9 et 11) et à des températures inférieures de 75°C, pour des durées allant de 22 jours à 2 ans. Ces auteurs ont observés une diminution de la résistance mécanique de 60% aux températures plus élevées après deux ans de vieillissement quel que soit le pH. Ils ont lié ces évolutions à la diminution de la masse moléculaire moyenne et aussi à la diminution des diamètres des fibres.

Han Yong et al. (Yong 2005) ont conduit une recherche afin de comparer la résistance chimique de huit types de géotextile non tissé en polyester (recyclés ou neufs) et en polypropylène (PP) dans des solutions de pH 3, 8 et 12. Les conditions d'immersion étaient variées entre 30 et 180 jours, à 25, 50 et 80°C. La résistance chimique de ces géotextiles non tissés a été estimée par la mesure de la force de traction après les expositions ci-dessus. Ces auteurs ont conclu que la transmissibilité des géotextiles pour le drainage est légèrement diminuée dans les solutions pH 3 et 8, alors qu'une forte diminution est observée pour la solution alcaline de pH 12.

Lorsque les polymères sont exposés au rayonnement UV, ils peuvent se dégrader en raison de l'absorption de l'énergie lumineuse par des groupes chimiques présents soit dans leur structure moléculaire, soit dans les additifs ou les impuretés (Figure 12). Cette absorption peut provoquer la scission des chaines moléculaires et la création de radicaux libres (Verdu 2002). Le rayonnement ultraviolet dans la région de 400 à 280 nm est une cause importante de la dégradation des géotextiles.

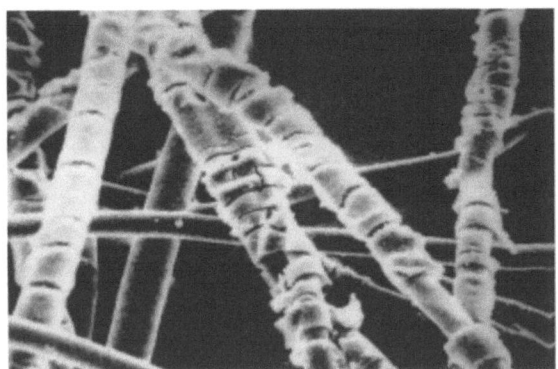

Figure 12 : Fibres synthétiques dégradées par rayonnement ultraviolet.

Un test de vieillissement en condition naturelle réalisé pendant une durée d'exposition directe d'un an met en évidence une diminution de 85 % de la résistance mécanique (Reinert 1997).

CHAPITRE 2 : PARTIE EXPÉRIMENTALE

2.1 Introduction

Pour mener à bien notre étude, nous avons eu recours à un certain nombre de techniques analytiques, et mis en place différents protocoles de vieillissement.

La stratégie générale adoptée dans cette partie du projet pour l'étude de la durabilité du média filtrant peut être schématisée comme suit :

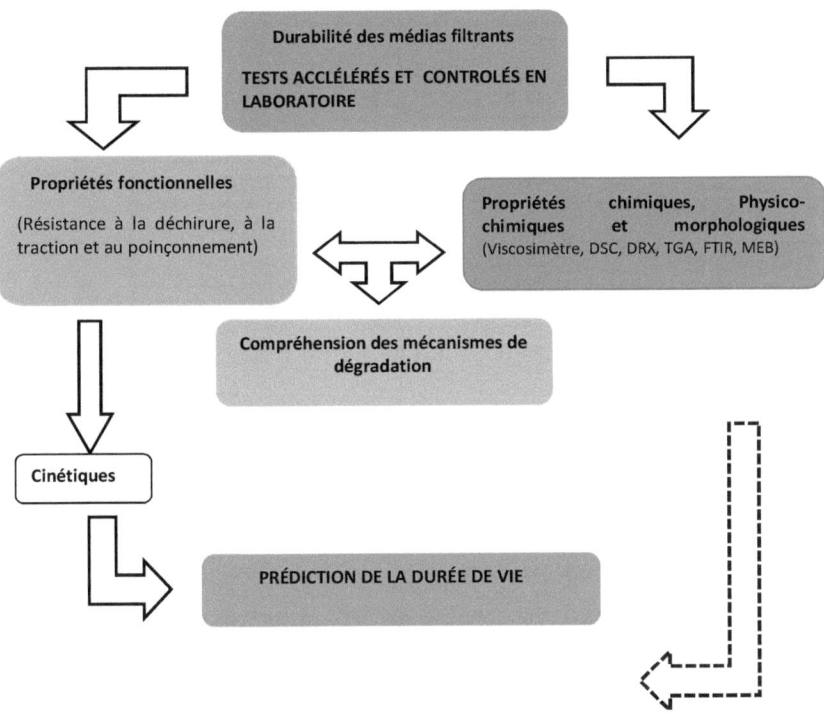

2.2 Protocole expérimental

2.2.1 Matériaux utilisés

2.2.1.1 Médias filtrants TXC-10

Le média filtrant utilisé dans ce travail est constitué de fibres non-tissées aiguilletées en polyester fabriqué par la société SOLENO TEXTILE avec les caractéristiques résumées dans le tableau 2.

Tableau 2 : Caractéristiques du Média filtrant TXC-10 en polyester

Propriétés	Méthode d'essai	Valeur
Résistance à la rupture	CAN-148.1 - no 7.3	95 N
Élongation à la rupture	CAN-148.1 - no 7.3	65 - 105%
Perméabilité	CAN-148.1 - no 4	1.5×10^{-1} cm/sec
Permittivité	CAN-148.1 - no 4	$2.0\ s^{-1}$
Ouverture de filtration	CAN-148.1 - no 10	95 - 155 microns
Mouillabilité	CAN-4.2 no 26.3	inférieure à 1 cm

2.2.1.2 Produits chimiques

Pour étudier l'effet du milieu d'utilisation sur le média filtrant, nous avons préparé deux solutions pour nos tests : une solution basique de pH=12 à base d'hydroxyde de sodium (NaOH) et une solution acide de pH=2 à base de l'acide sulfurique (H_2SO_4). Le contrôle du pH est réalisé par des bandes papier de pH-mètre.

Pour une bonne reproductibilité des résultats, nous avons préparé une grande quantité des deux solutions.

2.2.2 Méthodologie pour les tests de vieillissement du média filtrant

2.2.2.1 Vieillissement combiné de la température, du rayonnement solaire et de l'humidité

Le vieillissement combiné de la température, du rayonnement solaire et de l'humidité a été effectué dans une chambre d'essai accélérée au Xénon selon la norme ASTM D4355. On effectue les tests sur différentes durées de vieillissement : 75h, 150h, 300h, et 500h comme illustré dans la figure 13. Chaque condition est effectuée sur plusieurs bandes afin de comparer les résultats.

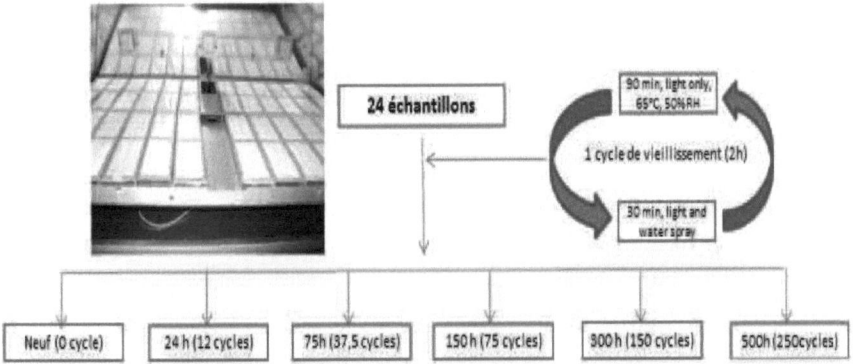

Figure 13 : Ensemble des échantillons à traiter aux rayons de xénon (UV) et à la variation de l'humidité et de la chaleur.

2.2.2.2 Vieillissement sous conditions environnementales agressives

Le vieillissement en conditions agressives simule plusieurs paramètres majeurs intervenant dans la durabilité du média filtrant PET non-tissés. Ce traitement est effectué sur des bandes de média filtrant vieillis dans des solutions de différents pH (acide, basique et neutre) sous différentes températures (ambiante, 55°C et 80°C). Ces bandes restent, pour des durées de plus en plus longues, immergées au sein de ces différents milieux (3 jours, 1 semaine, 2 semaines, 3 semaines, 4 semaines, puis tous les mois jusqu'à une durée d'imprégnation de 6 mois). Toutes les combinaisons de ces conditions sont effectuées comme indiqué dans la figure 14.b. Pour le pH, les bandes de média filtrant sont mises dans des bocaux remplis d'une solution basique ou acide ou neutre (eau). Pour accéder à une température étudiée, les bocaux sont mis dans des fours programmés à une température constante de 55°C ou de 80°C tout au long des tests comme illustré dans la figure 14.a. Les bandes sont périodiquement enlevées, puis lavées et séchées avant d'effectuer les tests de caractérisation.

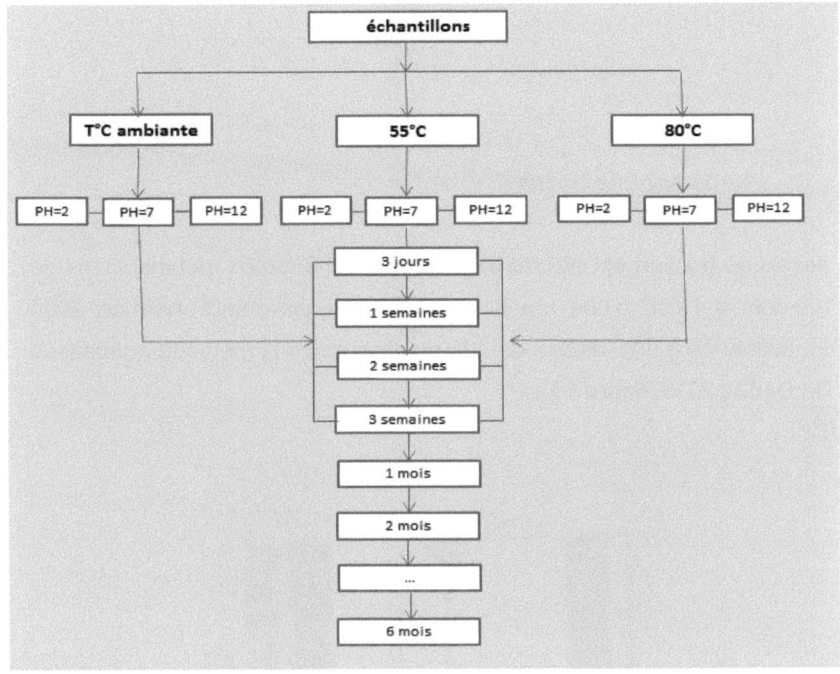

Figure 14 : a- Chambre de vieillissement ; b- Ensemble des tests à effectuer.

2.3 Techniques d'analyses

2.3.1 Propriétés mécaniques

2.3.1.1 Résistance de traction

Les essais de traction ont été réalisés sur des échantillons rectangulaires de 15×100 mm à l'aide d'une machine de traction universelle Alliance 2000 (MTS), actionnée à une vitesse de 300 mm/min selon la méthode normalisée (ASTM D4632 2013, figure 15).

Figure 15: Machine de traction universelle Alliance 2000 (MTS)

Les éprouvettes étaient fixées sur des mâchoires hydrauliques permettant un ajustement de la pression exercée par les pinces sur l'éprouvette. Pour chaque condition, quatre répliques ont été réalisées.

2.3.1.2 Résistance à la déchirure

La force de déchirure a été mesurée selon la méthode trapézoïdale, utilisant un échantillon entaillé et fixé entre les pinces d'une machine d'essai selon une méthode semblable à la méthode d'essai de la norme d'ASTM D 5587 (American Society for Testing and Materials 1995) mais avec des dimensions légèrement réduites (Figure 16). Un trapèze isocèle a été dessiné sur des échantillons rectangulaires de 50.8 x101.6 mm pour marquer la position des mâchoires et une entaille de 1 cm a été faite dans son plus petit côté. La mâchoire supérieure se déplaçait à une vitesse de 200 mm/min jusqu'à ce que l'échantillon ait été complètement déchiré. La force de déchirure était déterminée à partir de la valeur maximale de la force. Pour chaque condition quatre répliques ont été mesurées (Figure 17).

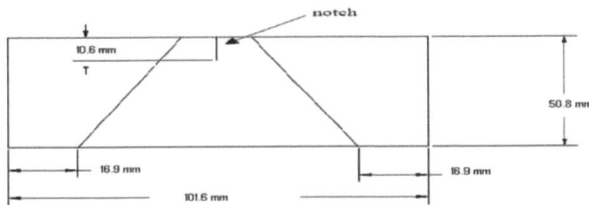

Figure 16 : Géométrie et dimensions des échantillons utilisés dans les tests de déchirure.

Figure 17 : Principe du test de déchirure, machine de l'ETS

2.3.1.3 Résistance au poinçonnement

Les essais de poinçonnement sont menés sur la machine de traction universelle Alliance 2000 (MTS), actionnée à une vitesse de 300 mm/min selon la norme ASTM D 4833, avec une petite modification au niveau du piston (Figure 18).

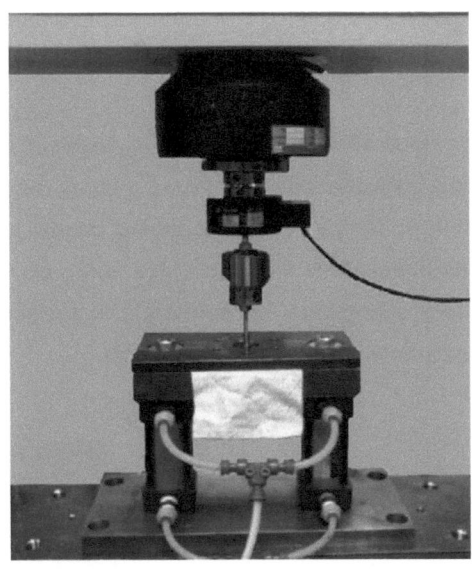

Figure 18 : Montage pour les tests de poinçonnement, machine de l'ETS

2.3.2 Analyses de la composition chimique par FTIR

La Spectroscopie Infrarouge à Transformée de Fourier (IRTF) est basée sur l'absorption d'un rayonnement infrarouge par le matériau analysé. Elle permet, via la détection des vibrations caractéristiques des liaisons chimiques, d'effectuer l'analyse des fonctions chimiques présentes dans le matériau. C'est une technique quantitative, l'absorption d'infrarouge étant régie par la loi de Beer - Lambert. L'analyse s'effectue à l'aide d'un spectromètre qui envoie sur l'échantillon un rayonnement infrarouge et mesure les longueurs d'onde que le matériau absorbe et ainsi que les intensités de l'absorption associés.

Compte tenu des propriétés de l'IRTF, il est possible d'enregistrer l'ensemble du spectre IR (400-4000 cm^{-1}) en 20 ms environ avec une résolution de 4 cm^{-1}.

Durant notre étude nous allons utiliser un FT-IR Nicolet 6700 (Figure 19) qui permet à la fois d'enregistrer des spectres ponctuels ainsi qu'une série de spectres en fonction du temps pour un matériau donné. Les échantillons en PET sont analysés directement la surface des fibres en mode ATR afin de voir l'évolution des groupements fonctionnels à la surface du matériau par détection des pics caractéristiques correspondants.

Figure 19 : FT-IR Nicolet 6700, machine de l'ETS

2.3.3 Analyse chimique par mesure de la viscosité intrinsèque

La dégradation du PET par la scission des chaînes est souvent reliée à la modification de la masse molaire ou à la distribution de la masse molaire du matériau. La masse molaire d'un polymère a un lien direct avec la viscosité dynamique (intrinsèque) η par:

$$\eta = K \times M^{\alpha}$$

Où M est la masse molaire, η est la viscosité dynamique, K et α sont des constantes du matériau. Ces constantes peuvent être déterminées avec les solvants bien définis. Il a été démontré que dans le cas du PET dissous dans un mélange de solvants phénol/tétrachloréthane (60/40) la masse molaire moyenne en nombre peut être calculée à partir de cette équation suivante (Demetris 1995) :

$$Mn = 3,29 \times 10^{4} \times \eta^{1.54}$$

En utilisant le viscosimètre Ubbelohde, on peut calculer la viscosité intrinsèque du matériau en utilisant l'équation suivante :

$$\eta = k \times \rho \times \Delta t$$

Où :

η : Viscosité de la solution

k : Constante d'étalonnage du viscosimètre

ρ : Densité de la solution

Δt : Temps d'écoulement de la solution de M1 à M2

Le viscosimètre à capillaire est une méthode couramment utilisée pour déterminer la masse molaire des polymères par la mesure de la viscosité de la solution. Cette méthode est limitée aux liquides Newtoniens. Le principe est basé sur le fait que la viscosité des liquides Newtoniens est constante à une température donnée. La viscosité η du liquide est proportionnelle à la durée d'écoulement t du volume V de liquide de niveau M1 à M2 (figure 19).

La viscosité intrinsèque est déterminée par le temps Δt que met un volume V de fluide à s'écouler du repère M1 au repère M2.

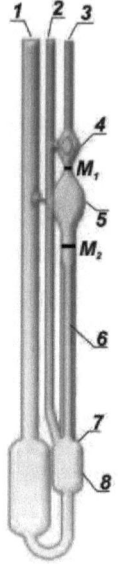

1: Tube de remplissage
2: Tube de ventilation
3: Tube avec capillaire
4: Boule d'entrée
5: Boule de mesure
6: Tube capillaire de hauteur H et de rayon R
7: Calotte sphérique
8: Récipient de détente
M1: repère annulaire en amont
M2: repère annulaire en aval

Figure 20 : Schéma d'un viscosimètre Ubbelohde utilisé dans notre étude afin de mesurer la viscosité dynamique, instrument de l'ETS

2.3.4 Analyse calorimétrie différentielle à balayage (DSC)

L'analyse DSC (calorimétrie à balayage différentiel) est une technique couramment utilisée pour étudier les propriétés thermiques et thermodynamiques des matériaux lorsqu'on les chauffe ou les refroidit. Elle mesure les différences des échanges de chaleur entre un échantillon à analyser et une référence dans des conditions programmées.

Cette technique permet de déterminer plusieurs propriétés des matériaux :

les températures de transition vitreuse, de fusion et de cristallisation des polymères,

la température de décomposition d'un matériau,

la pureté des produits organiques fins,

la capacité thermique spécifique d'un matériau,

l'efficacité de catalyseurs,

la polymérisation, des enthalpies de réaction, etc...

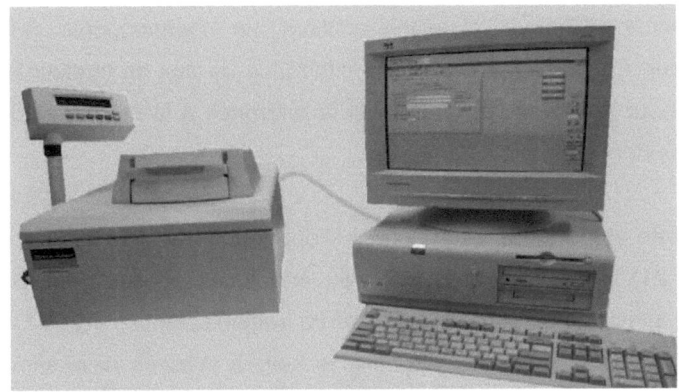

Figure 21 : DSC Perkin Elmer, machine de l'ETS

Il existe deux types de fonctionnement de DSC: par compensation et par flux de chaleur. Dans la méthode de la compensation (inventée par l'entreprise Perkin Elmer), l'échantillon et la référence sont placés dans deux fours différents mais dans la même enceinte calorifique et on garde toujours la même température dans les deux fours. Un générateur enregistre les différences entre les énergies absorbées ou rejetées par l'échantillon par rapport à la référence en fonction de la température ou du temps. Selon la méthode du flux de chaleur (mise au point par du Pont de Nemours - Mettler), l'échantillon et la référence sont placés dans le même four. Cette technique mesure les différences de flux de chaleur entre l'échantillon et la référence pendant un cycle de température. Le signal de température est ensuite converti en signal de puissance calorifique. On utilise deux récipients identiques. Dans le récipient témoin, on met l'échantillon à analyser. Le récipient de référence reste vide. Les deux récipients se trouvent dans une enceinte isolante. Deux résistances thermiques chauffent individuellement chaque coupelle pour les amener à suivre une élévation de température programmée. Chaque récipient contient un thermocouple relié à un ordinateur. Ce dernier enregistre la différence de flux de chaleur fournie ou libérée pour maintenir l'échantillon et la référence à la même température à un temps donné en mW.

Dans cette étude, nous avons utilisé l'appareil DSC Perkin Elmer, Pyris 1 (Figure 21). Toutes les mesures sont effectuées sous un flux de N_2 (20 ml/min) avec la vitesse de montée et de refroidissement de 10°C/min. Les essais sont réalisés sur des échantillons vierges et après vieillissement sous différentes conditions. Notre but est de caractériser tous les changements de propriétés thermiques au cours du processus de vieillissement et surtout sur le changement de l'enthalpie afin de calculer le taux de cristallinité.

2.3.5 Analyse thermogravimétrique (TGA)

L'analyse thermogravimétrique est une technique d'analyse thermique, son principe consiste à mesurer la variation de la masse d'un échantillon en fonction de la température ou bien du temps. Cette méthode permet ainsi d'étudier, par exemple, la stabilité thermique des matériaux.

L'appareil utilisé est composé d'une enceinte étanche permettant de contrôler l'atmosphère de l'échantillon, d'un four permettant de contrôler la température et d'une microbalance.

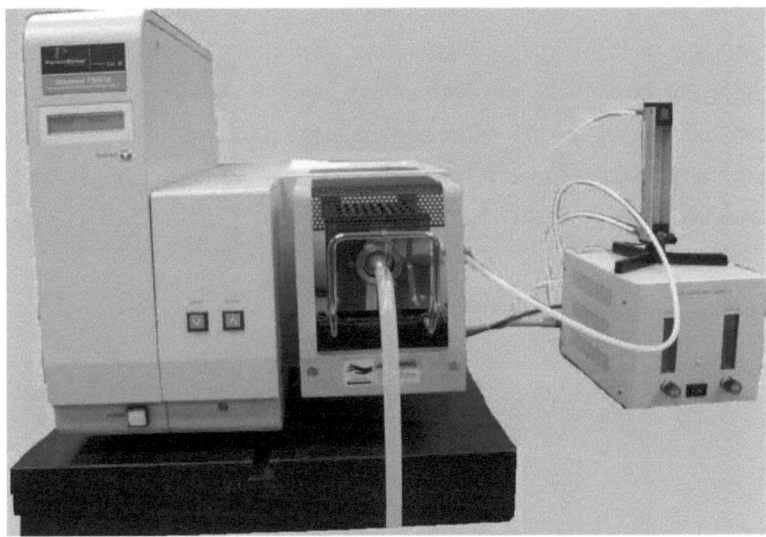

Figure 22 : ATG PERKIN ELMER, machine de l'ETS

L'analyse thermique pour la présente étude est réalisée par une ATG PERKIN ELMER. Les mesures sont effectuées sous flux d'azote dans une gamme de température entre 50 et 600°C avec une vitesse chauffage de 20°C/min.

2.3.6   Analyse morphologique par microscope électronique à balayage (MEB)

C'est une technique permet l'observation de la morphologie des surfaces. Un faisceau d'électrons est envoyé sur l'échantillon à l'aide d'une colonne dont le rôle est de mettre en forme ce faisceau d'électrons grâce à des lentilles électromagnétiques (Figure 23). Les interactions entre les électrons et l'échantillon créent des ionisations au niveau de la surface de l'échantillon. Des électrons sont alors éjectés de l'échantillon (électrons secondaires) et collectés par un détecteur. La quantité d'électrons émise est liée à la morphologie de la surface de l'échantillon et aussi à sa composition.

En balayant la surface de l'échantillon avec le faisceau d'électrons, on reconstitue une image de cette surface pixel par pixel dont la valeur des niveaux de gris correspond à l'intensité collectée par le détecteur d'électrons secondaires.

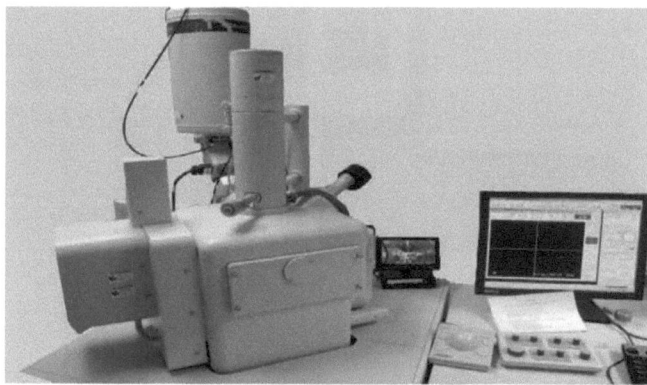

Figure 23 : Principe de fonctionnement d'un MEB, machine de l'ETS

Pour l'observation au MEB, les échantillons ont été métallisés par une mince couche d'or de quelques nanomètres. Une tension d'accélération de 3 kV à

15 kV a été appliquée pour éviter les effets de champs sur les échantillons. Une distance de travail de 5 mm a été maintenue dans la plupart des observations.

2.3.7   Analyse par diffraction de rayon X

C'est une technique très utilisée par les chimistes et les minéralistes, car elle permet de déterminer le degré de cristallinité d'un cristal, de montrer une orientation préférentielle des grains constituant la matière qui dépend de la faculté de cette dernière à réfléchir certaines lumières. Le schéma du fonctionnement est représenté dans la figure 24.

Figure 24 : Principe de diffraction des rayons X, machine de l'ETS.

La raie de cuivre utilisée est dénommée K∞ (λ =15,4056 A°). Pour que la diffraction s'effectue, deux conditions sont nécessaires :
1) Existence d'une cristallinité dans le matériau.
2) Les conditions de Bragg doivent être respectées, plus précisément (Figure 25) :

$$2d\,hkl = \lambda / \sin\theta$$

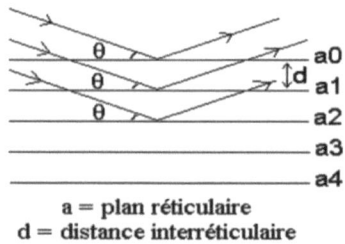

a = plan réticulaire
d = distance interréticulaire

Figure 25 : Principe de la loi de Bragg.

λ représente la longueur d'onde des rayons X.

θ représente l'angle d'incidence des rayons X avec la surface de l'échantillon.

Le signal rendu après l'envoi des rayons X sur un polymère à un intervalle donné, lorsque le polymère est parfaitement cristallin, correspond à un pic bien aigu avec une intensité élevée. Pour le polymère totalement amorphe, une bosse apparaît avec une très grande largeur. Le traitement de ces diffractogrammes, présentant les spectres obtenus, fait correspondre les distances inter-réticulaires *d* aux angles *2θ* enregistrés. La position des pics de diffraction permet l'identification des structures ou phases cristallines présentes Le taux de cristallinité peut être déterminé à partir de la formule suivante:

X c = S c / S a + S c

Avec,

Sc. : surface du pic cristallin.

Sa : surface de la bosse amorphe. Ces surfaces sont déterminées à partir de la déconvolution des pics cristallins et de la bosse amorphe comme le montre la figure 26:

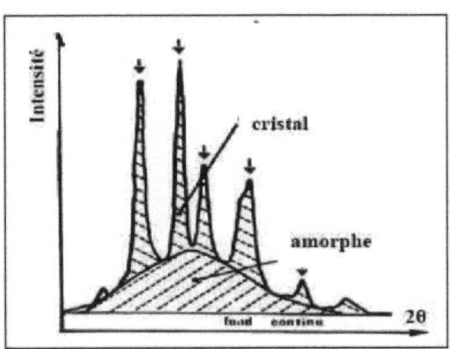

Figure 26 : Diffraction des rayons X d'un polymère semi cristallin.

Dans notre étude, des diffractogrammes aux rayons X ont été enregistrés avec un diffractomètre Philips Picowatt, modèle 1710. La structure cristalline des échantillons sont analysée par XDR. L'angle 2θ de XDR est compris entre 5 et 35°.

CHAPITRE 3 : CARACTÉRISATION DU MEDIA FILTRANT

3.1 Identification de la nature du matériau

3.1.1 Nature du matériau

La nature chimique est un facteur clé pour le comportement d'un polymère. Dans cette étude, le média filtrant a été fabriqué à partir d'un polyester mais sa nature chimique reste inconnue. Pour caractériser la nature chimique de ce matériau, nous avons utilisé la technique FIIR-ATR afin de l'identifier les fonctions chimiques du matériau. Ces fonctions chimiques sont identifiées à l'aide d'une base de données des spectres enregistrée dans l'appareil. La figure 27 montre le spectre FTIR-ATR du matériau avec toutes ses caractéristiques. Le tableau 3 montre les groupements chimiques de ce polymère en se basant sur les données en littérature (Andanson 2008, ziuy Chen 2012, 2013).

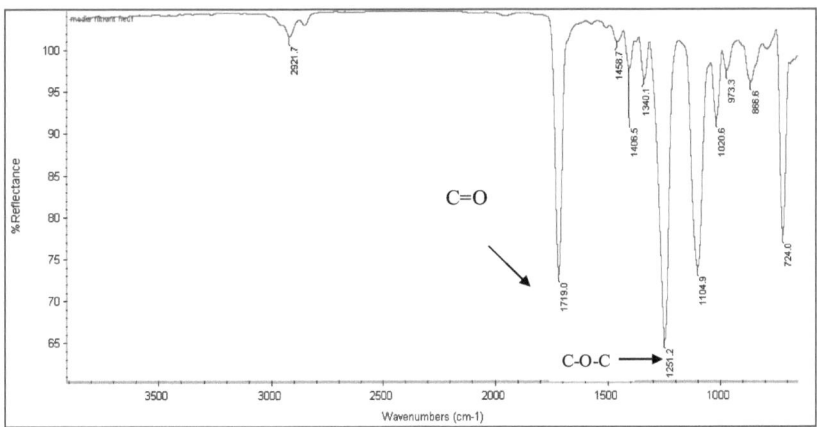

Figure 27 : Spectre infrarouge FTIR-ATR du matériau à l'état neuf

En analysant les résultats et en les comparant à la base de donnée, on peut affirmer que c'est un polymère de type polyéthylène téréphtalate (PET). En effet, ce polyester contient des groupements issus d'un polyester dont les groupes carbonyles (C=O) à 1719 cm^{-1} et les groupes (C-O-C) de l'ester. Il semble que ce polymère n'a pas subi un traitement de la surface puisqu'on ne voit pas de nouveaux pics montrant la présence d'autres matériaux.

Tableau 3 : Bandes caractéristique du matériau à l'état neuf

Nombre d'ondes	Description
2912.7	Vibration du groupement d'éthylène CH$_2$
1719.0	Groupement carbonyles (C=O)
1458.7	Configuration *trans* du groupement éthylénique
1406.5	Vibration du cycle benzénique
1340.1	Configuration *trans* du groupement éthylénique
1251.2	Vibration symétrique du groupe d'ester (C-O-C)
1104.9	Vibration symétrique du groupe d'ester (C-O-C)
1020.6	Vibration du cycle benzénique dans le plan
973.3	Configuration *trans* du groupement éthylénique
886.6	Configuration *trans* du groupement éthylénique
724.0	Vibration du cycle benzénique hors du plan

3.1.2 Diffraction des rayons X

La diffraction des rayons X a été utilisée afin de calculer le taux de cristallinité du matériau neuf et la variation de la cristallinité du matériau dans différentes conditions environnementales. Pour le faire, il faut distinguer deux zones spécifiques issues des structures cristalline et amorphe. Le taux de cristallinité (X_c) du matériau a été ensuite calculé à partir de la relation suivante :

$$X_c = A_c/(A_c + A_a)$$

Où A_c est l'aire de la zone cristalline, A_a est l'aire de la zone amorphe. Ces zones sont déterminées à l'aide de logiciels installés auparavant ou importés dans l'appareil à partir des données de la littérature. La figure 28 présente un exemple de la courbe traduisant la relation entre l'intensité diffractée avec l'angle de balayage du média filtrant neuf. D'après le calcul, le taux de cristallinité de ce média filtrant neuf est d'environ 45%.

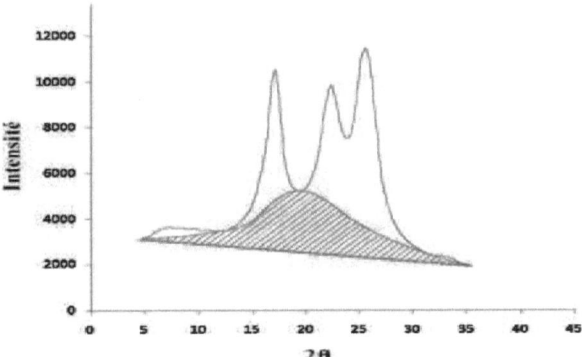

Figure 28 : Distribution spectrale d'une émission X pour le matériau à l'état neuf

3.2 Caractérisation des propriétés physiques

3.2.1 Masse surfacique et l'épaisseur

La masse surfacique (poids surfacique) est la masse d'un échantillon (en gramme) sur une unité de surface (mètre carré). C'est un facteur important qui influence directement le comportement d'un média filtrant. Il a été démontré que la résistance à la traction et le module d'élasticité sont proportionnelles avec l'épaisseur de l'échantillon (Hekmati 2011). La masse surfacique est calculée à partir de 10 échantillons de dimension de 50x50 cm selon une norme canadienne CAN 148.1N3-85 (Tableau 4).

Tableau 4 : Valeurs de la masse surfacique et l'épaisseur du matériau à l'état neuf

N (essai)	Masse surfacique (g/m^2)	Épaisseur (mm)
1	79,7	0,48
2	78,9	0,46
3	79,2	0,45
4	79,1	0,43
5	78,2	0,52
6	80,1	0,48
7	77,9	0,50
8	78,6	0,47
9	77,6	0,47
10	79,5	0,51
Moyenne	**78,8**	**0,48**

En ce qui concerne l'épaisseur, il est aussi un paramètre important qui a un lien fort avec la résistance à l'endommagement (Xing Peng 2008). Le tableau 4 montre également l'épaisseur du matériau déterminée avec un micromètre numérique électronique. Ces résultats montrent que l'épaisseur des échantillons est relativement homogène avec un écart-type inférieur à 5%.

3.2.2 Diamètre des fibres

Le diamètre de fibre est aussi un paramètre phusique important qui influence directement la résistance et la durabilité du média filtrant. La détermination de ce paramètre est effectuée pour étudier l'évolution de la dimension avant et après le vieillissement du matériau. Normalement, l'efficacité et la perte de charge du média filtrant sont plus importantes lors que le diamètre des fibres est faible (George 1975).

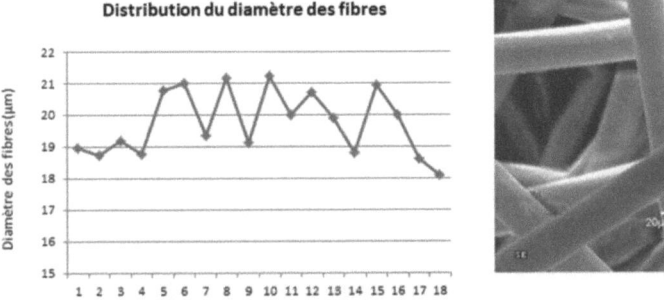

Figure 29 : Distribution du diamètre des fibres

Dans notre étude, cette propriété est mesurée via le traitement d'image du média filtrant par microscope électronique à balayage (MEB) de haute résolution. En modifiant le contraste et la luminosité de l'image par un logiciel approprié installé, on peut calculer le diamètre des fibres. La figure 29 donne les valeurs du diamètre des fibres ainsi que l'image de MEB montrant un exemple de cette mesure. Le diamètre moyen obtenu est de 19,87µm.

3.3 Caractérisation des propriétés mécaniques

Dans leurs conditions de services, les médias filtrants subissent souvent des forces de compression ou d'étirement pouvant générer un endommagement mécanique. Les connaissances sur le comportement mécanique ainsi que le mécanisme d'endommagement du filtre sont essentielles afin de prévoir la performance et la durée de vie du matériau en service. Dans cette étude, nous avons caractérisé les propriétés mécaniques du matériau neuf et vieilli suivantes : la résistance à la traction, les résistances à la déchirure et au poinçonnement. Les paragraphes qui suivent présentent les résultats de caractérisation des propriétés mécaniques initiales du matériau non vieilli.

3.3.1 Résistance à la traction

Dans cette étude, nous avons utilisé la norme ASTM 4632 adaptée à notre machine de traction MTS. Les essais de traction ont été réalisés à une vitesse de sollicitation de 300mm/min, avec la dimension de l'échantillon de 25 x 100 mm. Les résultats sont présentés dans la figure 30. On constate que le comportement mécanique en traction du matériau est très homogène, avec un faible écart-type des valeurs obtenues de la force maximale de traction (78,3 N) et d'allongement à la rupture (79,6%). Ces données vont être utilisées afin de comparer les propriétés mécaniques initiales du matériau neuf (non vieilli) avec celles du matériau vieilli dans certaines conditions d'utilisation en service.

La photo des échantillons située à droite de la figure 30 montre le changement de la morphologie des échantillons avant et après les tests de traction. On ne constate que la rupture ne se fait pas au milieu de l'échantillon mais plutôt dans les extrémités de l'échantillon, due à une concentration de contrainte créée par les mors de serrage.

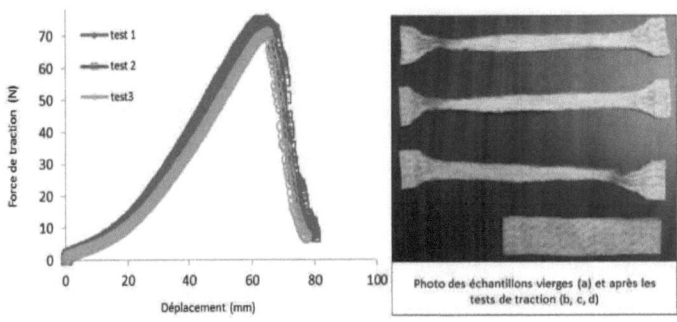

Figure 30 : Allure des courbes de traction du matériau à l'état neuf

3.3.2 Résistance à la déchirure

Les tests de déchirure ont été réalisés selon la norme ASTM D5587 décrite dans la section II.3.1.2. Les résultats de mesure de la force de déchirure du matériau sont montrés dans la figure 31. La force de déchirure est déterminée à partir de la valeur maximale de la force observée. La valeur moyenne de la force maximale est de 83N.

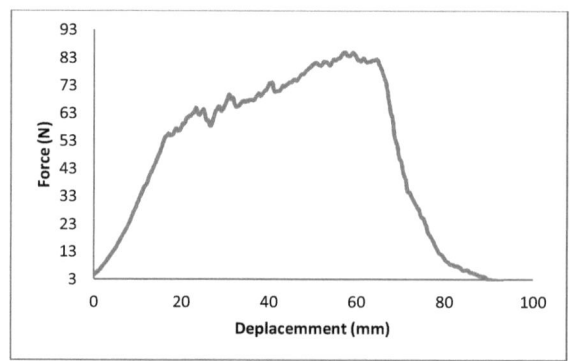

Figure 31 : Courbe d'essai de déchirure du matériau à l'état neuf

3.3.3 Résistance au poinçonnement

La figure 32 montre un exemple typique de l'évolution de la force de poinçonnement en fonction de déplacement du matériau à l'état neuf. La valeur moyenne de la force de poinçonnement est de 184N. On se sert aussi de cette valeur pour étudier l'effet du vieillissement de trois milieux (acide, neutre et basique).

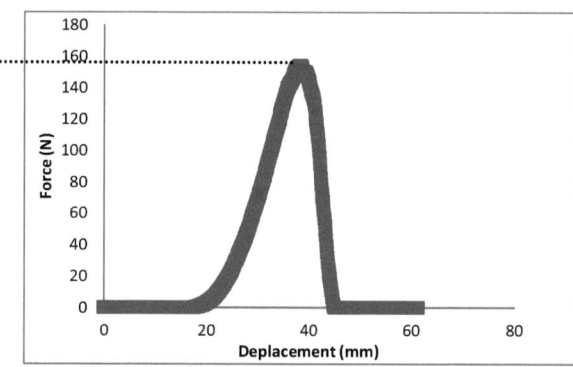

Figure 32 : Courbe d'essai de poinçonnement du matériau à l'état neuf

3.4 Analyse morphologique

Dans cette étude, nous avons utilisé le MEB afin d'avoir une image en relief de la structure de l'échantillon et pour déterminer la rugosité de la surface du média filtrant fibreux. L'échantillon est déshydraté par séchage puis subit un traitement de surface par dépôt d'une couche d'or afin qu'elle devienne conductrice. L'échantillon est ensuite placé sur le porte échantillon. La figure 33 présente un exemple d'images de la surface des fibres du média filtrant observées par MEB.

Figure 33 : Morphologie du matériau à l'état neuf à différentes échelles observée par MEB

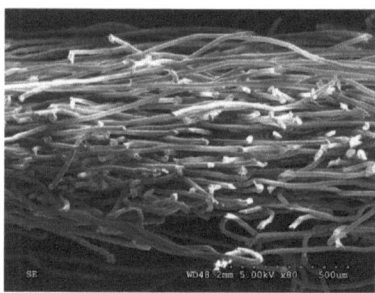

Figure 34 : Morphologie du matériau à l'état neuf en profondeur observée par MEB

On constate que le matériau a une structure sous forme de voile avec une surface perméable possédant des ouvertures et des pores plus ou moins importantes. La taille et la structure de ces pores sont très compliquées à déterminer. Il semble que ces médias filtrants soient fabriqués par la méthode de consolidation mécanique par aiguilletage car on remarque la trace du passage de l'aiguille à travers le voile (zone rouge sur la figure 33).

L'observation du matériau en profondeur a été également effectué afin d'observer la structure poreuse du matériau (figure 34). On voit sur ces images que les fibres n'ont pas une orientation homogène et que la détermination de la taille et la structure des pores est assez complexe à cause de la structure aléatoire des fibres.

CHAPITRE 4 : DURABILITÉ DES MÉDIAS FILTRANTS

4.1 Vieillissement combiné de la température, du rayonnement solaire et de l'humidité

Le média filtrant développé dans ce projet (TXC-10) est en polyester type polyéthylène téréphtalate (PET). Ce polymère est largement utilisé dans plusieurs domaines d'application tels que le secteur d'emballage, l'automobile, électrotechnique et aussi des géotextiles (Cassidy 1992). Malgré les propriétés intéressantes dans les domaines d'application auxquels il est destiné, ce polymère subit des réactions d'hydrolyse par coupure des chaines des fonctions esters situées à côté du noyau aromatique (Laetitia 2007). Dans le secteur des médias filtrants ou des géotextiles, ceci peut représenter un grand problème. Dans certains domaines d'utilisation, comme par exemple le drainage ou la filtration des liquides au bord de la route, le matériau subi aussi des attaques d'autres facteurs environnementaux comme les rayonnements solaires, la température et l'humidité. Ces facteurs accélèrent la dégradation et diminuent la performance ainsi que la durée de vie du matériau.

Il est connu que dégradation par hydrolyse dépend fortement du pH du milieu et de la température. Plusieurs études ont été réalisées sur l'effet de ce facteur sur le vieillissement des polymères (Gijsman 1999, Verdu 2000, Verdu 2002, Barany 2003). Il a été montré que le processus d'hydrolyse du PET est relativement lent et faible en milieu neutre dont le pH est aux alentours de 7, qui peut parfois atteindre un siècle. Par contre, dans les milieux acides ou très basiques, une chute brutale des propriétés des matériaux ont été observées avec le temps (Halse 1987). La dimension des fibres et le type de tissage joue aussi un rôle important sur la vitesse de dégradation des géotextiles.

4.1.1 Variation des propriétés mécaniques

Afin d'étudier l'effet du vieillissement accéléré sur le média filtrant TXC-10, nous avons caractérisé les changements des propriétés mécaniques en fonction du temps de vieillissement. La figure 35 présente la variation de la force de traction en fonction du temps de vieillissement. On constate que la résistance à la traction a baissé de 85,3 N à 58,4 N après 75h d'exposition au vieillissement, soit une diminution de 31,6% par rapport à celle du matériau neuf. Cette diminution semble continuer de façon linéaire jusqu'à 500h d'exposition pour atteindre une valeur de 28,7 N, soit une diminution de 66,4 % en comparaison avec la valeur initiale du matériau neuf.

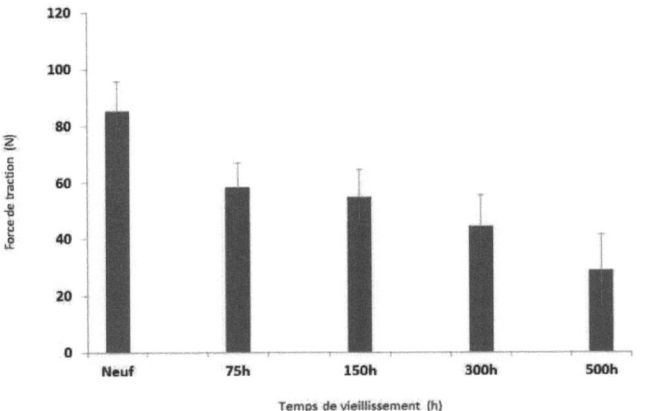

Figure 35 : Variation de la force de traction à différentes durées de vieillissement.

Ces résultats montrent que les propriétés mécaniques du matériau ont été significativement dégradées. Ce phénomène peut être attribué au fait qu'en présence d'eau à haute température, le polyester a subi une scission des chaines induite par l'hydrolyse. Cette hypothèse va être étayée dans les paragraphes suivants en utilisant des techniques d'analyse plus appropriées telles que l'analyse de la surface des échantillons et la mesure de la variation de la masse molaire. L'effet du vieillissement a aussi un effet sur d'autres caractéristiques mécaniques du matériau. Des chutes importantes de l'allongement à la rupture ont été observées au cours du vieillissement (Figure 36). Des pertes de 21,5 % et 46,8 % de l'allongement à la rupture sont observées respectivement après 75 h et 500h de vieillissement, ce qui signifie que, sous l'effet des rayonnements solaire et de la chaleur en présence de l'humidité, les médias filtrants en PET deviennent aussi plus fragiles et cassants.

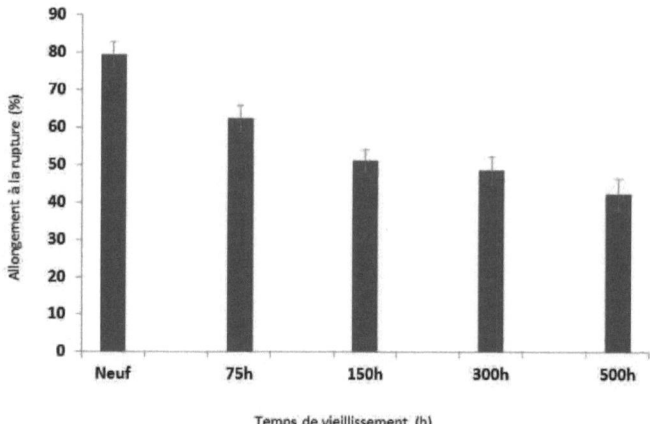

Figure 36 : Variation de l'allongement à la rupture à différentes durées de vieillissement.

4.1.2 Analyse des changements morphologiques

Les évolutions surfaciques liées au vieillissement ont été étudiées par observation de la surface des échantillons par le MEB. La figure 37 illustre les images MEB des médias filtrants vieillis et non-vieillis. On constate qu'il y a une modification importante à la surface du matériau. La surface des fibres devient plus rugueuse et des microcavités sont observées à la surface des échantillons vieillis. Ces phénomènes peuvent être liés à la coupure des chaînes des polymères par l'hydrolyse et les molécules de faible masse molaire sont observées à la surface des fibres.

Figure 37 : Images de la surface des fibres du media filtrant TXC-10 vieilli et non-vieilli observées par MEB.

Ces microcavités deviennent plus nombreuses et profondes avec le temps de vieillissement surtout après 500h d'exposition. Il existe également des agglomérations à la surface des fibres ce qui peut être dues aux produits secondaires de l'oxydation. Cette hypothèse va être vérifiée par l'observation des spectres FTIR durant le vieillissement.

4.1.3 Analyse structurale

Afin d'évaluer l'effet du vieillissement climatique accéléré sur la composition chimique, des analyses par FTIR-ATR ont été réalisées sur les échantillons vieillis et non-vieillis. Les évolutions des pics caractéristiques de la formation de fins de chaînes acides carboxyliques ou bien hydroxydes sont présentées dans la figure 38. Il est bien connu que l'intensité des pics dépend fortement de l'épaisseur de l'analyse, mais on peut déduire ce paramètre en divisant l'intensité de ces pics par celle d'un pic de référence.

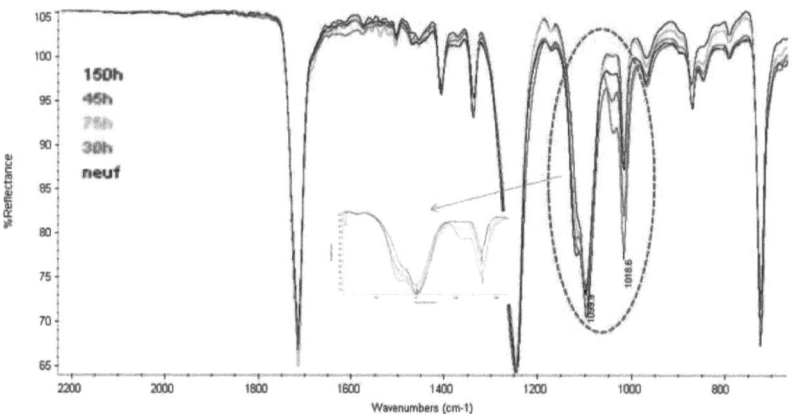

Figure 38 : Spectres FT-IR en mode ATR des échantillons vieillis et non vieillis en fonction du nombre d'ondes.

Dans le cas du PET, ce pic de référence est alentour de 1407-1409 cm^{-1}, correspondant aux vibrations des cycles benzéniques dans le PET. Ce pic n'évolue pas au cours du vieillissement. Cette méthode nous permet de comparer les pics de vibration des différents échantillons vieillis sans l'effet de leur épaisseur.

La figure 38 montre qu'il y a une modification moléculaire au cours du vieillissement accéléré particulièrement dans la région de 1200-1800cm^{-1} où l'intensité des pics est la plus importante. Suite à une analyse détaillée des spectres obtenus à partir des données recueillies dans la littérature, nous avons analysé les modifications des pics pour les interpréter au cours du vieillissement.

Tableau 5 : Changements des bandes d'absorption du matériau vieilli et non-vieilli dans une chambre d'essai accélérée

Nombre d'ondes	Description	Évolution de l'intensité
2912,7	Vibration du groupement d'éthylène (CH$_2$)	Augmentation de l'intensité due à la scission des chaînes
1719,0	Groupement carbonyles (C=O)	Augmentation de l'intensité par interactions entre les groupements alcools
1458,7	Configuration *trans* du groupement éthylénique	Baisse de l'intensité issue du groupe d'éthylène glycol
1406,5	Vibration du cycle benzénique	Constante
1340,1	Configuration *trans* du groupement éthylénique	Constante
1251,2	Vibration symétrique du groupe d'ester (C-O-C)	Augmentation de l'intensité
1104,9	Vibration symétrique du groupe d'ester (C-O-C)	Augmentation de l'intensité
1020,6	Vibration du cycle benzénique	Constante

	dans le plan	
973,3	Configuration *trans* du groupement éthylène glycol	Faible diminution
886,6	Configuration *trans* du groupement éthylénique	Faible diminution
724,0	Vibration du cycle benzénique hors du plan	Constante

Les résultats présentés dans le tableau 5 montrent qu'il y a une augmentation de l'intensité des pics liés aux groupements carbonyles (1719 cm^{-1}) et aux groupements C-O présents dans l'acide carboxylique dans la région de 1104-1251 cm^{-1}. Ces augmentations peuvent être attribuées à la coupure des chaînes par l'hydrolyse ou par la thermo-oxydation et la photo-oxydation. En effet, la dégradation thermo-oxydative concerne la réaction de l'oxygène active en présence d'humidité à une température élevée. Cette dégradation se fait par la formation des groupements peroxydes du groupe méthylène dans le polyester. La figure 39 illustre le mécanisme de la dégradation du PET proposé par Venkatachalam (Venkatachalam 2012).

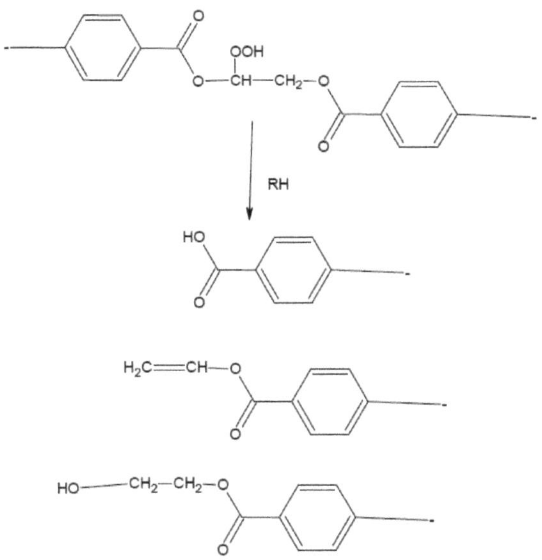

Figure 39 : Mécanisme de la dégradation thermo-oxydative du PET (Venkatachalam 2012)

Ce mécanisme conduit à une augmentation des groupements carbonyles et C-O des fonctions esters, ce qui explique l'augmentation de l'intensité de ces pics dans les spectres FTIR des échantillons vieillis.

Nous avons observé également une augmentation de l'intensité des pics assignés à la vibration du groupement d'éthylène (-CH_2). En effet, l'éthylène, benzène ou phényle sont très souvent détectés comme des produits secondaires du processus de vieillissement. Ces produits sont formés par les interactions de transition externe ou/et interne des molécules d'hydrogène selon un mécanisme illustré dans la figure 40 (Venkatachalam 2012).

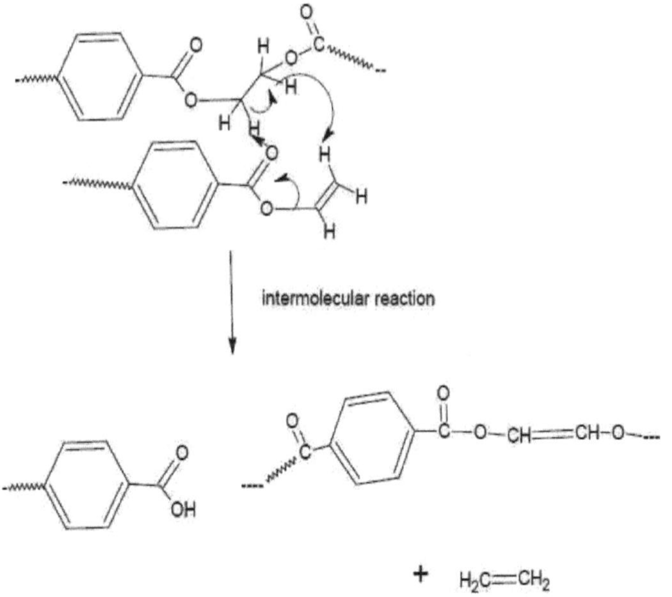

Figure 40 : Mécanisme de la formation des groupements d'éthylène (Venkatachalam 2012)

Ces mécanismes peuvent expliquer la diminution des pics assignés aux groupements d'éthylène glycol (O-CH$_2$) dans le polyester à cause de scission des chaînes. Ce phénomène peut être suivi en mesurant l'évolution de la viscosité dynamique, qui est directement proportionnelle à la masse molaire.

4.1.4 Changement de la masse molaire

La dégradation du PET par la scission des chaînes est souvent observable par la modification ou la distribution de la masse molaire du matériau. La masse molaire moyenne en nombre est calculée à partir de l'équation décrit dans le paragraphe II.3.3. Les résultats de mesure de la masse molaire des échantillons non vieilli et vieilli sont présentés dans la figure 41. On constate qu'il y a une chute de la masse molaire au cours du processus de vieillissement. Cette diminution est significative pour les 150 premières heures d'exposition et semble se stabiliser après une plus longue exposition. Ces résultats permettent de confirmer la rupture des chaines dans la structure moléculaire du PET au cours du processus de vieillissement, qui a conduit à la diminution des propriétés mécaniques.

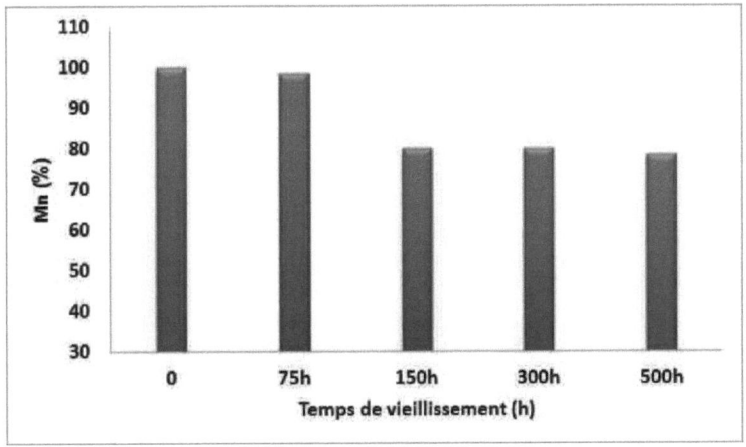

Figure 41 : Évolution de la masse molaire Mn en fonction de la durée de vieillissement

4.2 Vieillissement sous conditions environnementales agressives

L'objectif de cette partie du travail porte sur l'étude des paramètres importants qui influencent les mécanismes d'hydrolyse du media filtrant dont le pH et la température. Les études ont été menés à différents pH (2, 7et 12) et températures (25, 55 et 80°C).

4.2.1 Analyse des changements morphologiques

Dans cette partie, nous avons analysé les changements morphologiques des échantillons avant et après vieillissement. Une analyse de la surface des fibres a été réalisée par le MEB afin de rechercher des signes éventuels de dégradation dus au vieillissement aux différents pH et températures. La figure 42 montre la surface d'un échantillon non vieillis. Les fibres de l'échantillon non vieillies montrent une surface très lisse et propre.

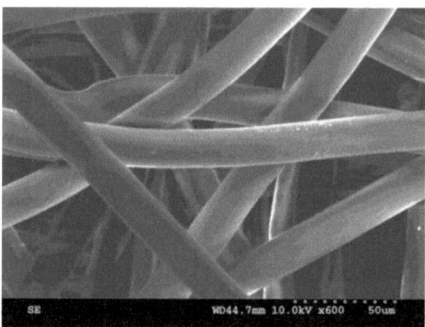

Figure 42 : Image MEB de fibres du matériau non vieillies

Pour le milieu acide pH 2 (Figure 43) à la température ambiante, on observe une déformation des fibres plus élargies dans certaines zones, ainsi que la formation des micro-cavités peu profondes et d'amas de matières de grosses tailles. Ces agglomérats sont incrustés en profondeur des fibres, créant des déformations surfaciques tout comme en profondeur. À 80°C par contre, on observe des amas de matières dispersés, majoritairement de petites tailles. Il semblerait qu'il y ait une corrosion des fibres en surface, sans déformations des fibres, mais avec la présence de petites fissures.

Figure 43 : Images MEB de fibres du matériau vieillies à pH 2-Tamb et pH 2-80°C durant 4 semaines

Pour le milieu neutre pH 7 (figure 44) à la température ambiante les photos obtenues ont montré que la quasi-totalité des fibres présentaient un état de surface généralement proche de celui de l'échantillon non vieilli. À 80°C cependant, on observe de petites microcavités sur les fibres ainsi que de petits amas de matières à la surface des fibres. Il ne semble pas y avoir des déformations des fibres.

Figure 44 : Images MEB de fibres du matériau vieillies à pH 7-Tamb et pH 7-80°C durant 4 semaines

Pour le milieu basique pH12 (Figure 45) les photos montrent une réaction de surface sévère à temperature ambiante tout comme à 80°C. À température ambiante on peut observer des agglomérats de matières dispersés, une déformation des fibres importantes, ainsi que de la corrosion en surface (microcavités). À 80°C, bien que l'on ne puisse observer aucune déformation des fibres, des amas de matières sont agglutinés sur toute la surface des fibres. On observe aussi sur des microcavités ainsi que des fissures et des morceaux des fibres.

Figure 45 : Images MEB de fibres du matériau vieillies à pH 12-Tamb et 12-80°C durant 4 semaines

Il semblerait donc que, soumises à une température ambiante et un pH acide ou basique, les fibres de ce matériau se déforment et forment en surface des agrégats de grosses tailles. Par contre, lorsque que soumises aux même milieux mais à une température de 80°C, les fibres ne se déforment pas. Il y a cependant apparition de microcavités ainsi que d'agglutinement d'amas de matières de petites tailles. D'autres études plus approfondies sont nécessaires pour pouvoir expliquer ces phénomènes.

4.2.2 Analyse chimique par mesure de la masse molaire Mn

Afin de trouver les modifications chimiques induites par le vieillissement dans les trois milieux d'acidité, des mesures de viscosité ont été réalisées sur les échantillons vieillis et non vieillis.

En se basant sur l'équation de Mark-Houwink, la masse moléculaire en nombre a été calculée à partir des mesures de la viscosité pour les différents temps de vieillissement.

$$Mn = 1{,}51 * 10^4 * \mu$$

Ou :

Mn : masse moléculaire moyenne en nombre

μ : viscosité

La figure 46 présente les résultats de calcul de la masse molaire en fonction la durée et le milieu de vieillissement.

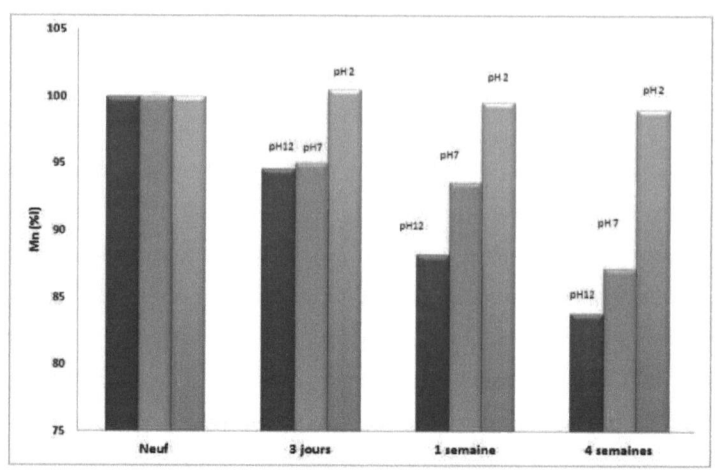

Figure 46 : Évolution de la masse molaire du matériau en fonction du temps et du pH

Les résultats montrent une diminution de près de 17 % de la masse molaire moyenne en poids du PET après quatre semaines de vieillissement à pH12-80°C et de 13% à pH7- 80 °C. Ces résultats confirment qu'il y a eu des coupures de chaînes par le mécanisme d'hydrolyse (schéma a et b) au niveau de la structure chimique du PET dans les deux conditions (Burgoyne 2007). Ceci n'a pas pu être mis en évidence par les analyses FTIR. Lors du vieillissement à pH2 à 80°C, on n'observe aucune diminution significative de la masse molaire (pas ou peu de coupures de chaînes dans cette condition).

(a)

$$H\left[-O-\overset{O}{\overset{\|}{C}}-\underset{}{\bigcirc}-\overset{O}{\overset{\|}{C}}-O-CH_2-CH_2-\right]_n OH + 2n(NaOH)$$

Polyethylene Terephthalate   Sodium Hydroxide

↓

$$n\left[Na-O-\overset{O}{\overset{\|}{C}}-\underset{}{\bigcirc}-\overset{O}{\overset{\|}{C}}-O-Na\right] + n\left[HO\ CH_2\ CH_2\ OH\right]$$

Disodium terephthalate   Ethylene Glycol

(b)

$$\left[-O-\overset{O}{\overset{\|}{C}}-\underset{}{\bigcirc}-\overset{O}{\overset{\|}{C}}-O-CH_2-CH_2-\right] + H_2O$$

Polyethylene Terephthalate   Water

↓

$$-O-\overset{O}{\overset{\|}{C}}-\underset{}{\bigcirc}-\overset{O}{\overset{\|}{C}}-OH \quad + \quad OH-CH_2-CH_2-$$

Hydrolysis products

4.2.3   Analyse de la cristallinité

Les résultats des analyses par diffraction des rayons X des échantillons non vieilli et vieilli durant deux semaines à pH12-80°C sont donnés à la figure 47.

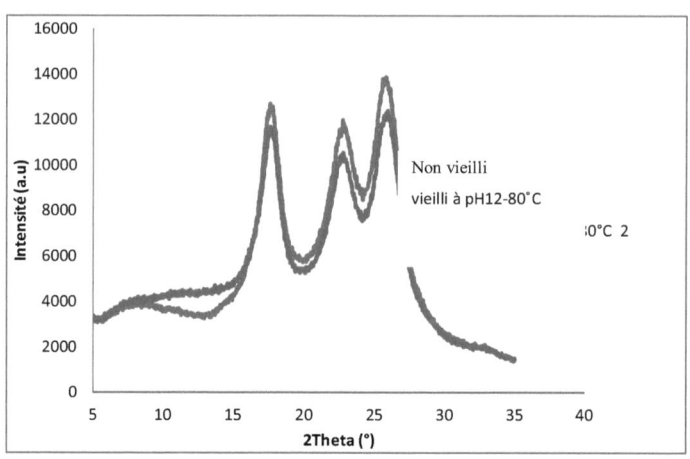

Figure 47 : Spectres du DRX du media filtrant non vieilli et vieilli à pH12-80C durant deux semaines

Les trois principaux pics dans le profil d'intensité sont affectés pour l'échantillon non vieilli se situent aux angles de 16, 24 et 27 degrés et sont respectivement les réflexions des plans (010), (110) et (100)(Bosley 1964). Le profil de diffraction de l'échantillon vieilli à pH12-80°C durant 2 semaines révèle une diminution de l'intensité de trois pics dans la phase cristalline. Ceci indique une diminution de la fraction cristalline du matériau. La largeur à mi-hauteur des pics est un paramètre associé à la taille et à la perfection des cristaux. Une diminution de cette largeur est visible pour les trois sommets ce qui laisse suggérer que le vieillissement conduit à des cristallites de dimensions plus petites.

Les évolutions des taux de cristallinité en fonction du temps pour les matériaux vieillis à pH 12 et pH 2 à 80°C, sont représentés sur la figure 4.

Des diminutions de taux de cristallinités d'environ 11 et 21% sont observées respectivement à pH 12 et pH 2 après quatre semaines de vieillissement. Il apparait que la zone cristalline dans la structure des fibres est affectée par le mécanisme d'hydrolyse. Arrieta et al. ont rapporté une réduction similaire de la cristallinité après vieillissement thermique et photochimique (Arrieta 2013). La diminution de la cristallinité est susceptible d'avoir un impact sur les propriétés mécaniques, vu que les contraintes mécaniques appliquées sur les fibres sont partagés entre moins de cristaux.

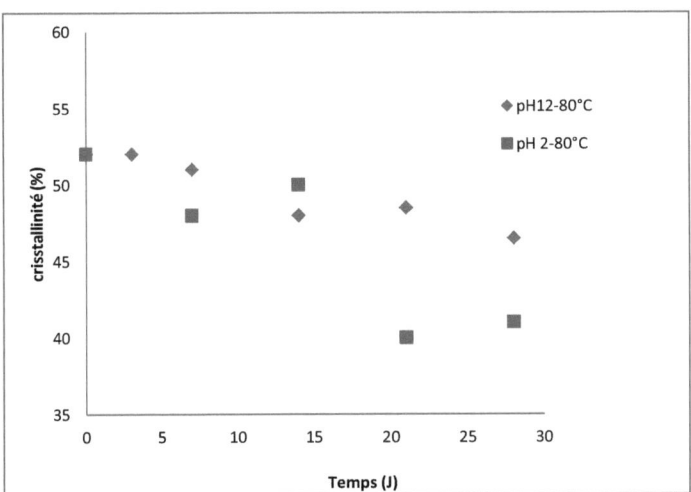

Figure 48 : Évolution de la cristallinité du matériau en fonction de temps de vieillissement

4.2.4 Analyses thermogravimétriques

L'analyse thermogravimétrique a été également utilisée pour déterminer l'état de dégradation du média filtrant vieilli dans ces trois milieux. Les résultats de cette analyse sont montrés sous forme de thermogrammes traduisant la perte de masse avec la hausse de la température. Les essais sont réalisés pour des températures allant de 50°C à 900°C sous l'atmosphère d'azote (Figure 47). Les thermogrammes montrent une diminution de la température de décomposition dans les trois conditions. Les résultats sont rassemblés dans le tableau 6.

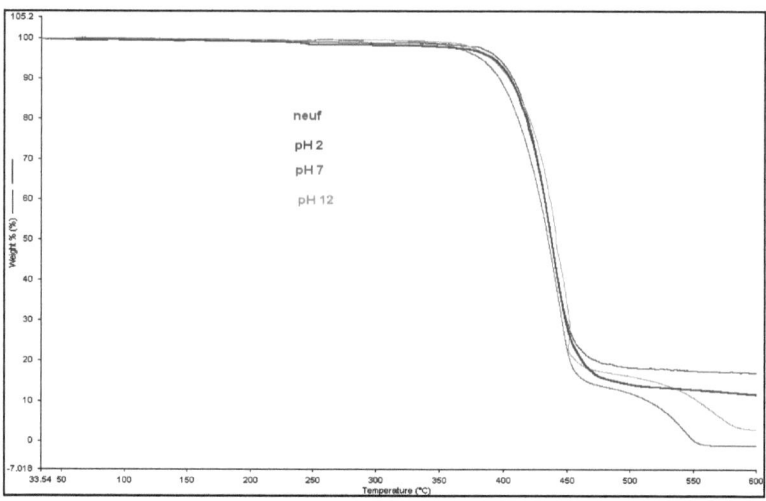

Figure 49 : Thermogramme du matériau non vieilli et vieillie aux différents pH à 80°C

La diminution de la température de décomposition peut être interprétée comme le résultat de coupures de chaînes entraînant l'apparition de fractions de plus faibles masses qui se décomposent à plus basse température. La diminution de la température de décomposition du PET est plus importante à pH 12 et pH 7 que dans le milieu pH 2, ce qui entre en accord avec les résultats de de mesure de la masse molaire Mn.

Tableau 6 : Évolution de la température de décomposition du matériau.

Condition de vieillissement	$T_{décompositions}$ (°C)
Non vieilli	388
pH 12, 80°C, 4 semaines	375
pH 7, 80°C, 4 semaines	376
pH 2, 80°C, 4 semaines	381

4.2.5 Effet sur les propriétés mécaniques

4.2.5.1 Effet sur la force de traction

La figure 48 présente un exemple de courbes de contrainte-déformation obtenues pour différents temps de vieillissement à pH12-80°C. Les données de l'échantillon non vieilli sont également incluses. On observe un comportement en deux régions : une région initiale de préhension qui est associée à un réarrangement et un alignement des fibres jusqu'au moment où elles deviennent tendues. Dans la deuxième région, les fils et les fibres tendus sont bloqués et des contraintes plus importantes sont nécessaires pour provoquer la déformation et la rupture du matériau. Il peut être observé qu'un temps plus long de vieillissement induit une réduction plus importante de la force maximale de traction et de l'allongement à la rupture.

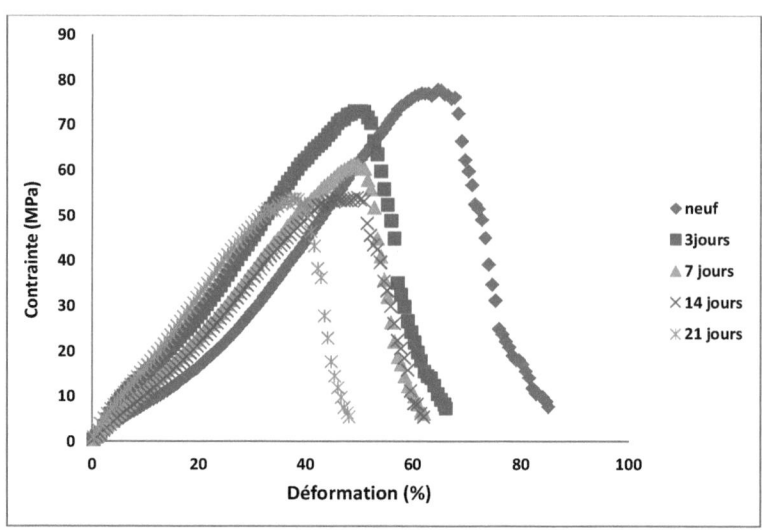

Figure 50 : Exemple des courbes contrainte-déformation d'un échantillon vieilli à pH12-80°C

Dans le but d'évaluer l'effet des modifications chimiques et morphologiques décrites précédemment sur ces propriétés mécaniques, une étude comportant sur l'évolution de la résistance à la traction du media filtrant après immersion a été réalisé dans différents milieux : acide, neutre et basique (pH 2, 7 et 12). Les résultats de ces essais sont respectivement montrés dans les figures 49, 50 et 51.Les résultats des essais de traction réalisés montrent que, globalement le vieillissement entraîne une diminution de la résistance mécanique. Ces baisses sont d'autant plus importantes lorsque les températures de vieillissement sont élevées mais surtout à haut pH.

À pH 2, on observe que, plus la température n'est élevée, plus la dégradation n'est importante. En effet, après 120 jours de vieillissement la résistance à la traction chute d'environ 7% à température ambiante alors qu'elle diminue d'environ 51% à 80°C (Figure 49). Après 120 jours de vieillissement à température ambiante en milieu neutre (pH 7), la résistance à la traction chute de 12%, alors qu'à 80°C elle diminue d'environ 55% (Figure 50). Dans le milieu basique (pH 12) la résistance à la traction suit une évolution logarithmique dans le temps. De même, on observe que plus la température n'est élevée, plus la dégradation n'est importante. En effet, après 120 jours de vieillissement, les résistances à la traction diminuent de 10% à température ambiante et de plus de 60 % à 80°C (Figure 51).

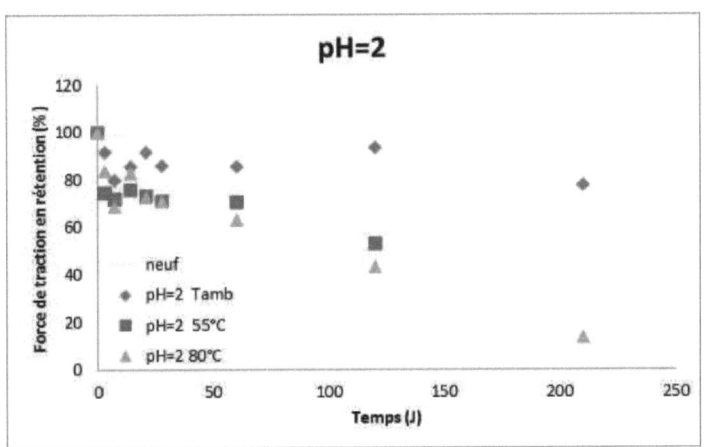

Figure 51 : Évolution de la force de traction en fonction du temps à différentes températures (pH 2)

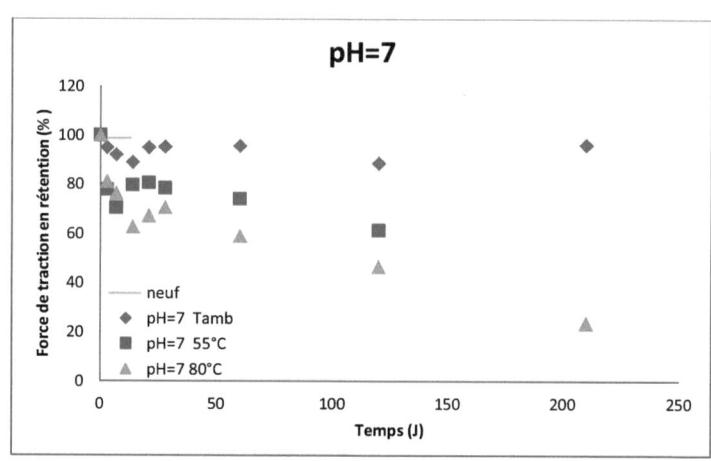

Figure 52 : Évolution de la force de traction en fonction du temps à différentes températures (pH 7)

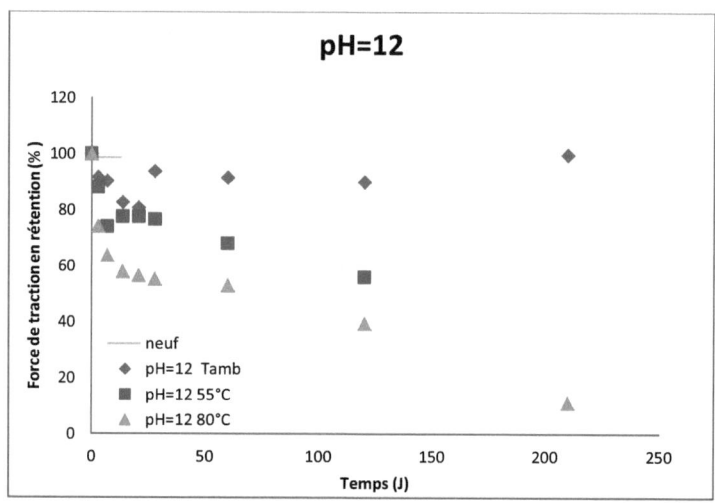

Figure 53 : Évolution de la force de traction en fonction du temps à différentes températures (pH 12)

De plus, ce vieillissement semble avoir aussi un effet sur l'allongement à la rupture. Les variations de l'allongement à la rupture en fonction du temps de vieillissement à différentes températures (température ambiante, 55°C et 80°C) ainsi qu'à différents pH (2, 7 et 12) sont montré dans les figures 52, 53 et 54.

L'augmentation du pH a un impact considérable sur la variation de l'allongement à la rupture. Pour des vieillissements à températures ambiantes, des chutes d'environ 17%, 31% et 39% sont observées respectivement à pH 2, pH 7 et pH 12 après trois semaines du vieillissement. Des chutes plus élevés sont aussi identifiable lors de l'augmentation de la température. À 80°C ces diminutions sont de 22% à pH 2, 40% à pH 7 et 50% à pH 12. La dégradation hydrolytique est donc accélérée par la température comme le confirme plusieurs auteurs (Laetitia 2009 et Morgan1984).

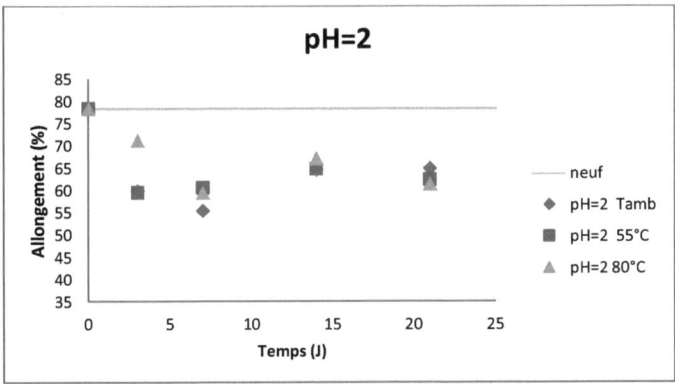

Figure 54 : Évolution de l'allongement à la rupture en fonction du temps à différentes températures (pH 2)

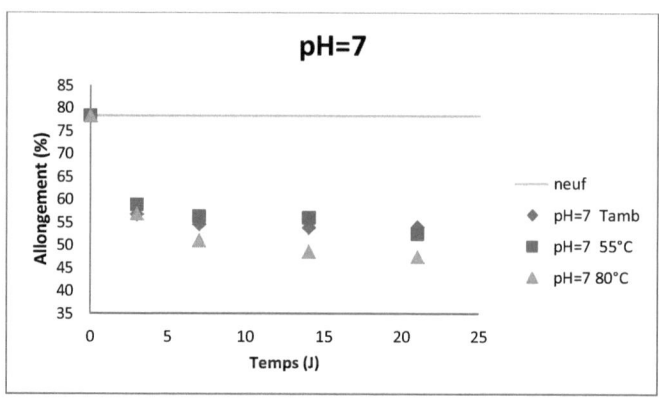

Figure 55 : Évolution de l'allongement à la rupture en fonction du temps à différentes températures (pH 7)

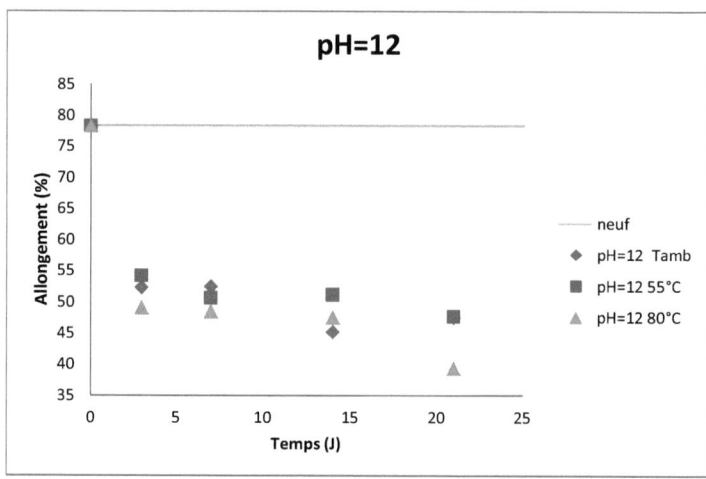

Figure 56 : Évolution de l'allongement à la rupture en fonction du temps à différentes températures (pH 12)

4.2.5.2   Effet sur la résistance à la déchirure

L'effet du vieillissement dans ces différents milieux sur le comportement de déchirure du média filtrant a été également étudié. La figure 55 présente des exemples de courbes de déchirure force-déplacement obtenues pour différents temps de vieillissement à pH 12-80°C. Les données pour un échantillon non vieilli sont également incluses. On observe une réduction de la force et du déplacement de déchirure avec l'augmentation du temps du vieillissement.

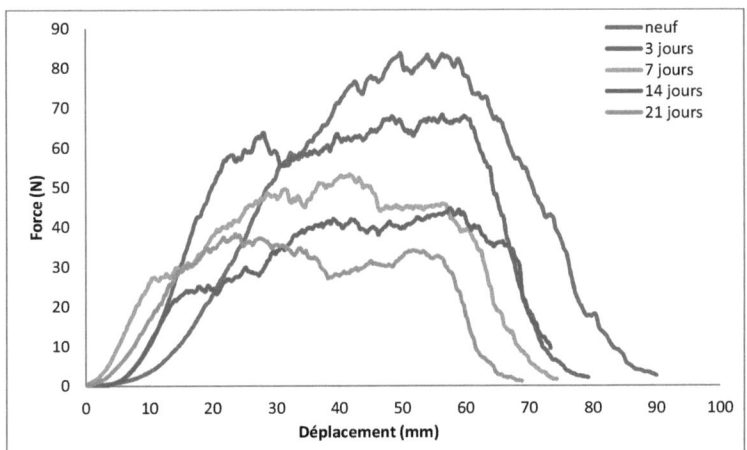

Figure 57 : Exemples de courbes de déchirures force-déplacement obtenues pour différents temps de vieillissement pH 12-80°C.

Les variations de la force de déchirure au cours du temps de vieillissement à différentes températures (température ambiante, 55 °C et 80°C) et à différents pH (2, 7 et 12) sont montrées sur les figures 56, 57 et 58.

Les essais de déchirure ont permis de mettre en évidence une baisse considérable de la force de déchirure. On remarque que plus la température et le pH du milieu augmentent, plus ces baisses ne sont importantes.

Pour une durée de 120 jours de vieillissement, à plus haute température (80°C), ces évolutions sont encore plus marquées. En effet, les résistances à la déchirure diminuent de 57 % à pH 2, 43 % à pH 7 et de plus de 65 % à pH 12. La dégradation est donc plus importante à pH12 et pH2 qu'à pH7.

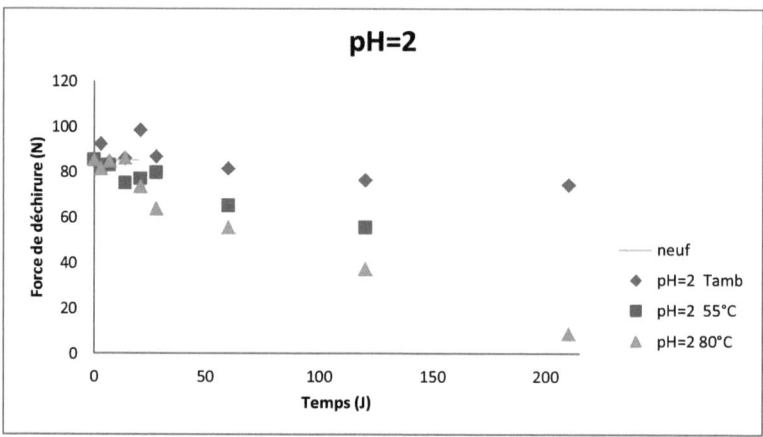

Figure 58 : Évolution de la force de déchirure en fonction du temps à différentes températures (pH 2)

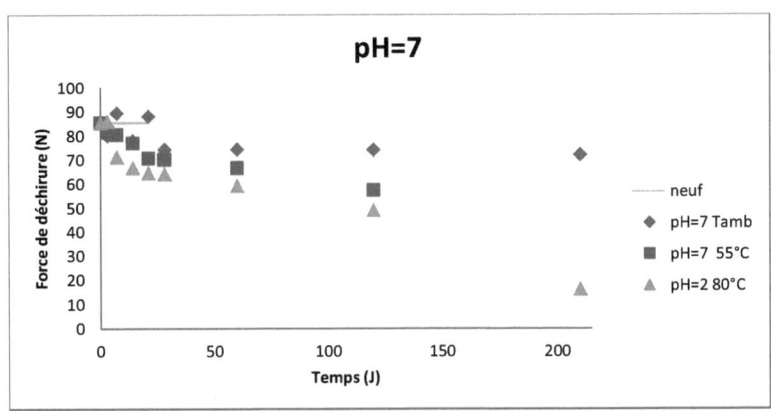

Figure 59 : Évolution de la force de déchirure en fonction du temps à différentes températures (pH 7)

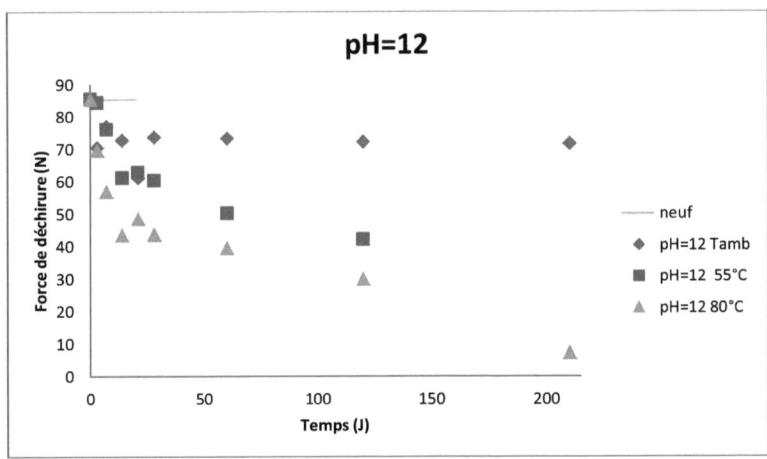

Figure 60 : Évolution de la force de déchirure en fonction du temps à différentes températures (pH 12)

4.2.5.3 Effet sur la résistance au poinçonnement

Les figures 59, 60 et 61 montrent respectivement la variation de la force de poinçonnement en fonction du temps de vieillissement à différentes températures (température ambiante, 55 °C et 80°C) et à différents pH (2, 7 et 12).

On observe des écarts importants pour chacun des milieux de la résistance au poinçonnement sous différentes températures. Cette diminution est plus importante en milieu basique (pH12) et neutre (pH 7). La diminution la moins sévère observée est en milieu acide (pH 2).

Pour les vieillissements à température ambiante, on observe à pH 2 après 21 jours de vieillissement une légère augmentation de 14% de la force de poinçonnement. Cependant à pH 7 et pH 12, les chutes de la force de poinçonnement sont presque négligeables. Lors de l'augmentation de la température (80°C) après 21 jours de vieillissement, des chutes de 18%, 35% et 37% sont respectivement observées à pH 2, pH 7 et pH 12. Cette diminution suggère que le matériau vieilli résiste moins aux essais de poinçonnements et a tendance à se déformer plus facilement.

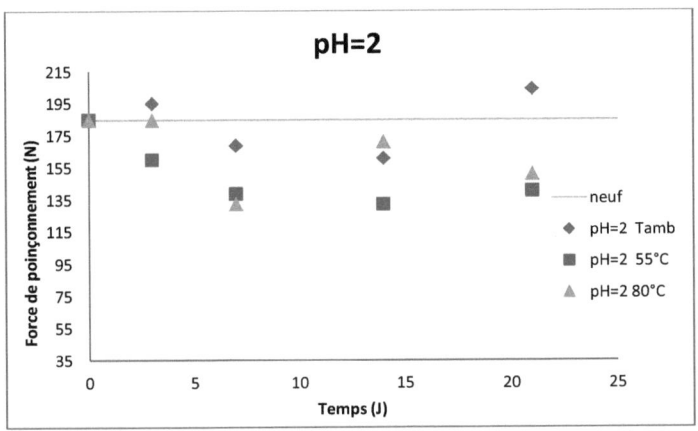

Figure 61 : Évolution de la force de poinçonnement en fonction du temps à différentes températures (pH 2)

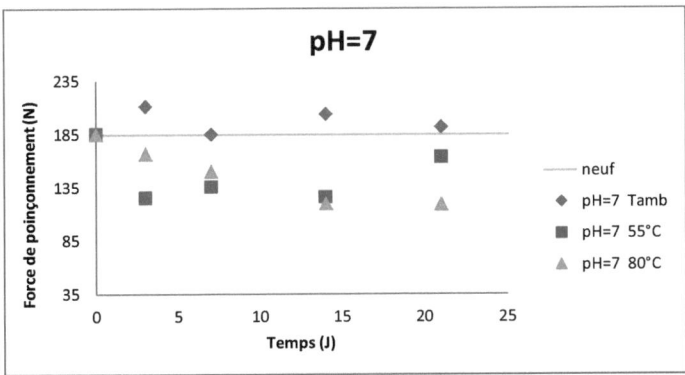

Figure 62 : Évolution de la force de poinçonnement en fonction du temps à différentes températures (pH 7)

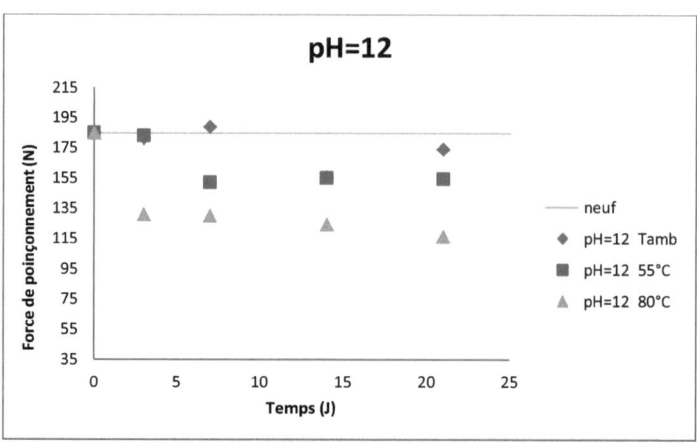

Figure 63: Évolution de la force de poinçonnement en fonction du temps à différentes températures (pH 12)

Ces évolutions des propriétés mécaniques peuvent être liées d'une part au changement de la morphologie des fibres observé par le MEB et d'autre part, à la chute de la masse moléculaire moyenne en nombre des chaînes macromoléculaires. En effet, vu que les chaines de polymères deviennent plus courtes sous l'effet du vieillissement, les phénomènes de glissement des macromolécules les unes par rapport aux autres, sont favorisées par la réduction de nombre d'enchevêtrements. Cette décohésion des chaines dans la matrice polymère conduit à une chute des propriétés mécaniques.

La scission de la chaîne polymère au cours du vieillissement chimique peut modifier la structure du matériau, cette modification touche en particulier les groupes fonctionnels dans la chaîne principale et des groupes terminaux tels que les groupes hydroxyle et carbonyle. La figure 62 représente un exemple de spectres IR obtenu à partir d'un échantillon non vieilli et vieilli à pH 12-

80°C durant 4 semaines dans une gamme de longueur d'onde allant de 600 à 4000 cm^{-1}. La différence d'épaisseur de l'échantillon analysé est corrigée en divisant les intensités d'absorption des pics caractéristiques à un pic de référence à 1340,1 cm^{-1}. Les principales bandes d'absorption dans les spectres IR du media filtrant en polyester sont rassemblés dans le tableau 3 [Andanson 2008, Ziyu 2013]. Ils montrent les changements substantiels dans les domaines de pointe de hauteur et de bandes d'absorption IR après le processus de vieillissement chimique, en particulier les bandes d'absorption à 3410,3 cm^{-1} et 1725,4 cm^{-1} attribuées respectivement à des groupes hydroxyle et carbonyle. L'évolution de ces intensités de pic pendant le vieillissement chimique peut provenir des changements de la concentration des groupes terminaux carbonyle et hydroxyle lors d'une réaction d'hydrolyse en milieu alcalin. La dégradation du PET est souvent accompagnée par la formation d'un groupe carbonyle et de groupes terminaux hydroxyle. Les données de spectres IR sont utiles pour étudier la dégradation de PET par scission de chaîne comme décrit au paragraphe précédent.

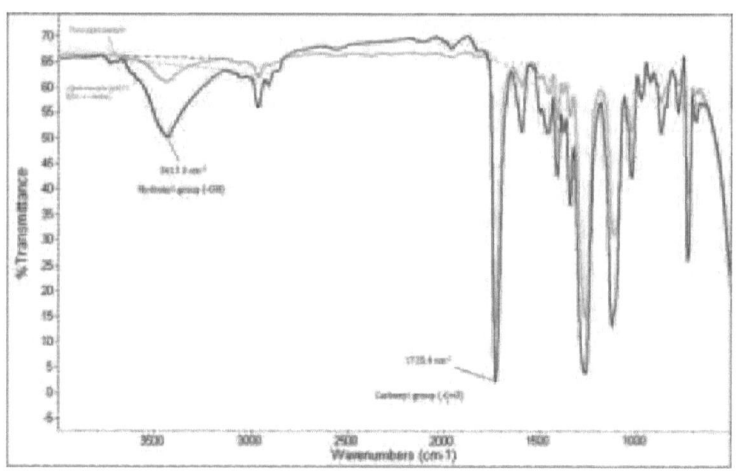

Figure 64 : Spectre IR du media filtre en PET non vieilli et vieilli pH 12- 80°C pendant 4 semaines.

4.3 Étude de la cinétique du vieillissement

Une analyse approximative a été effectuée pour une estimation éventuelle de la durée de vie (t_F) du matériau dans les conditions environnementales agressives étudiées ci-dessus, à l'aide du modèle d'Arrhenius :

$$t_F(T) = t_{F0} \cdot \exp\frac{E}{RT}$$

Où :

t_{F0} est un coefficient pré-exponentiel (même unité que t_F).

E est l'énergie d'activation (en $J.mol^{-1}$).

R est la constante des gaz parfaits (en $J.mol^{-1}.K^{-1}$).

T est la température absolue (en K).

Les valeurs de durée de vie correspondant à une diminution de 40% de la force de déchirure ont été calculées pour trois températures de vieillissement à pH 12 (tableau 7) à l'aide d'une régression empirique suivant la méthode proposée par Elaidani et al. (Elaidani 2011).

Tableau 7 : Valeurs des durées de vie correspondant à une diminution de 40% de la force de déchirure

Température de vieillissement (°C)	Temps de vie correspondant à une diminution de 40% de la force de déchirure (h)
25	49,42
55	25,023
80	13,98

Ces valeurs étaient utilisées pour créer la courbe d'Arrhenius (montrée dans la figure 62), en traçant le logarithme des temps de vies (à 40% de la force de déchirure initiale) en fonction de l'inverse des températures de vieillissement. À partir de ces résultats préliminaires, un bon accord avec le modèle d'Arrhenius a été obtenu. Une valeur de l'énergie d'activation de 69 kJ/mol a été obtenue à partir de la courbe d'Arrhenius pour la force de déchirure. La durée de vie pourrait donc être estimée pour différentes températures dans ces conditions environnementales.

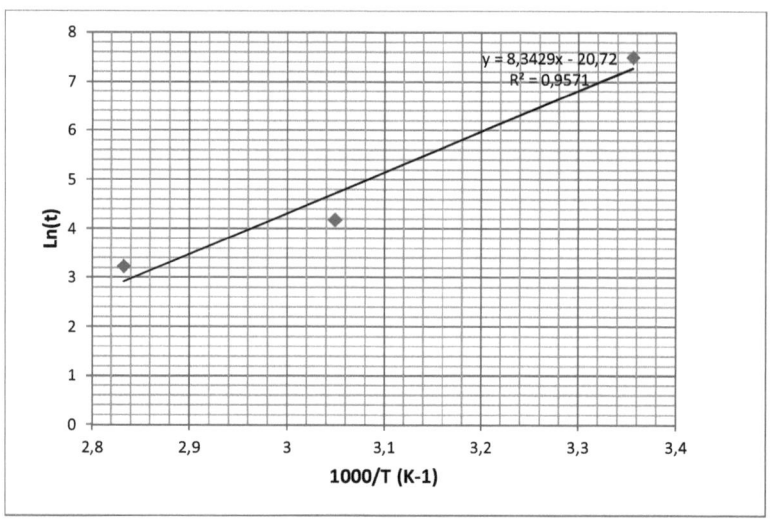

Figure 65: Détermination des paramètres de la loi d'Arrhenius à partir des courbes de force de déchirure (40%)

La même démarche a été suivie pour les deux autres conditions, à savoir le milieu acide pH2 et neutre pH7. Le critère utilisé dans l'approche du temps de vie calculé a été ajusté en fonction du niveau de la variation de la propriété résultant du vieillissement thermique à différentes températures. Il a été fixé à a une diminution de 40% de la force de déchirure. En outre, une régression exponentielle a été utilisée puisqu'elle fournissait un meilleur ajustement des données expérimentales. D'après les résultats des figures 66 et 67, un très bon accord a été obtenu. Les énergies d'activation étaient de 36 kJ/mol dans le milieu acide pH2 et de 35 kJ/mol dans le milieu neutre pH7. Le modèle d'Arrhenius apparaît donc comme un outil précieux pour analyser et prédire l'effet du vieillissement thermique sur les propriétés de déchirures du media filtrant.

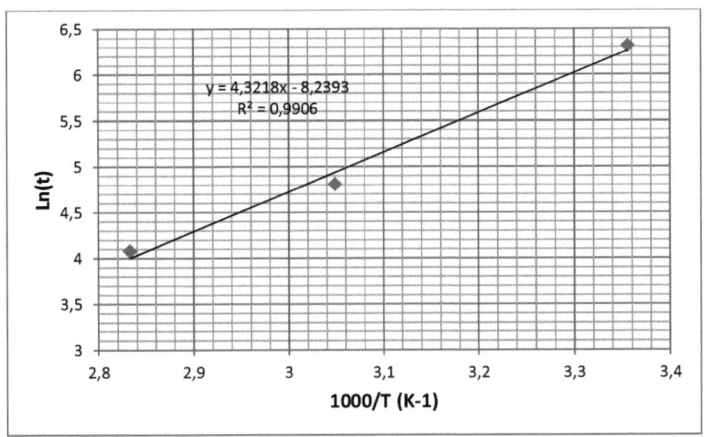

Figure 66 : Détermination des paramètres de la loi d'Arrhenius à partir des courbes de force de déchirure (pH2)

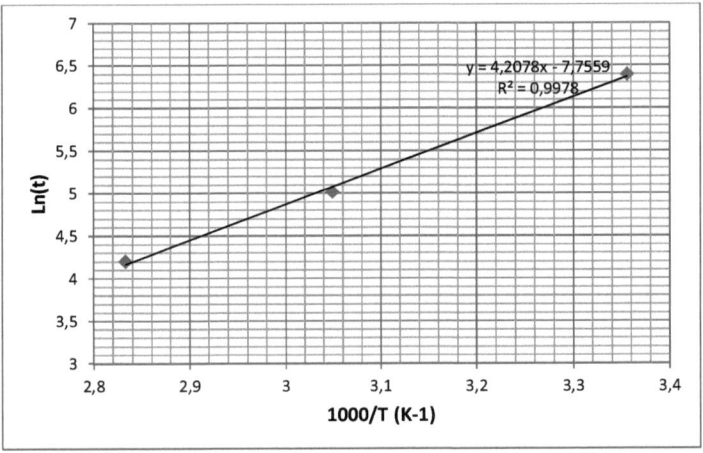

Figure 67 : Détermination des paramètres de la loi d'Arrhenius à partir des courbes de force de déchirure (pH7)

CONCLUSION ET PERSPECTIVES

Ce manuscript présente les résultats du comportement d'un média filtrant non tissée et aiguilleté en PET face à quelques conditions d'utilisation extrêmes en service. Il s'agit d'identifier l'effet des facteurs environnementaux principaux conduisant à la dégradation du matériau tels que le rayonnement solaire, la température, l'humidité, et le pH du milieu.

Ce nouveau matériau a été développé par le groupe Soleno textiles, Canada. Actuellement, il est utilisé pour le drainage et la filtration des sols, notamment pour renforcer les bâtiments dans le génie civil. Il possède des propriétés initiales appropriées pour ces applications. Cependant, son comportement et sa stabilité aux conditions de service sont complètement inconnus sous des conditions agressives à long terme.

Différentes normes internationales ont été utilisées afin de caractériser les changements selon deux programmes de tests de durabilités différents.

Le premier programme concerne le test de vieillissement du matériau dans des conditions climatiques accélérées simulant les conditions environnementales subies par le matériau dont la température, l'humidité et le rayonnement solaire. L'exposition du média filtrant en PET dans des conditions climatique accélérées a conduit à une diminution importante des résistances et allongement à la rupture du matériau. Pour déterminer les causes de cette diminution des propriétés mécaniques, nous avons observé la morphologie des fibres au microscope électronique à balayage MEB. Des modifications importantes de la surface du matériau ont été observées : la surface des fibres devient plus rugueuse avec l'apparition de microcavités sur des échantillons vieillis. Des analyses de spectroscopie par infrarouge ATR ont révélé l'apparition d'une bande d'absorption dans la région carbonyle, non-présente dans le spectre du matériau non-vieilli. Cette bande a été attribuée à la formation de groupements d'acide carboxylique en bout de chaîne. Ce groupement peut être produit lors d'une réaction d'hydrolyse en présence d'humidité ou simplement par des processus de dégradation photo-oxydative. Ces résultats sont ensuite mis en évidence par des mesures de la masse molaire des polymères durant le vieillissement, avec une diminution de la masse molaire (Mn) en nombre à cause de la scission des chaines.

La deuxième partie de ce travail porte sur l'étude des paramètres importants qui influencent les mécanismes d'hydrolyse dont le pH et la température. Des études ont été menés à différents pH (2, 7et 12) et températures (25, 55 et 80°C). L'effet du vieillissement sur les propriétés mécaniques a été évalué par les mesures des résistances à la traction, à la déchirure et au poinçonnement. Les évolutions des propriétés mécaniques sont liées d'une part au changement de la morphologie des fibres observées par le MEB et d'autre part, par la chute de la masse moléculaire moyenne des chaînes macromoléculaires. Les diffractogrammes de DRX des échantillons vieillis et non vieillis, montrent l'existence d'un décalage en hauteur entre les pics cristallins, le taux de cristallinité de l'échantillon vieilli est diminué avec le temps de vieillissement. Cette diminution peut possiblement être attribuée à la scission de chaîne comme déjà montré sur les résultats de l'FTIR et le mesures de la masse molaire.

Dans des conditions avantageuses avec l'augmentation de la température, l'eau peut pénétrer dans la matrice polymère par affinité ou interactions chimiques et provoque la coupure des chaînes, ce qui entraine une diminution des propriétés mécaniques du matériau.

Dans les différents milieux de vieillissement, on peut constater que la dégradation est plus importante conduisant à des pertes des propriétés plus importantes lors de l'augmentation de la température. Nous avons vérifié la cinétique du vieillissement en appliquant le modèle d'Arrhenius en se basant sur une perte de la résistance à la déchirure d'environ 40%, suivant la méthode proposée dans notre publication récente (Elaidani 2011). Cette relation permet de calculer l'énergie d'activation du matériau et de prédire la durée de vie à différentes températures et pH.

Les résultats obtenus permettent d'identifier les prochaines étapes sur l'effet des facteurs environnementaux sur les caractéristiques filtrants tels que la perte de charge, l'efficacité, la stabilité dimensionnelle, la permittivité etc. On peut aussi envisager de développer des modèles dynamiques pour stimuler le comportement du matériau face aux contraintes subies en situation de filtration surtout celle du colmatage. Ces modèles permettront d'améliorer grandement les capacités de prédiction du comportement des médias filtrants non-tissés et de l'évolution de leurs propriétés en situation de filtration. Ils pourront également être mis à profit pour concevoir par ingénierie inverse des structures fibreuses optimisées en fonction des exigences des applications visées.

LISTE DE RÉFÉRENCES BIBLIOGRAPHIQUES

American Society for Testing and Materials (2007). Standard Test Method for Deterioration of Geotextiles by exposure to Light, Moisture and heat in a Xenon Arc type Apparatus. West Conshocken, PA. ASTM D4355-07.

American Society for Testing and Materials (2013). Standard Test Method for Grab Breaking Load and Elongation of Geotextiles. West Conshocken, PA. ASTM D4632.

American Society for Testing and Materials (1995). Standard test method for tearing strength of nonwoven fabrics by the trapezoid procedure. West Conshocken, PA. ASTM D 5587.

American Society for Testing and Materials (2013) Standard Test Method for Index Puncture Resistance of Geomembranes and Related Products. West Conshocken, PA. ASTM D4833.

Andanson J. M., Sergei G. Kazarian (2008). In situ ATR-FTIR Spectroscopy of Poly(ethylene terephthalate) Subjected to High-Temperature Methanol, Macromol. Symp. 265: 195–204.

Arrieta C., Dong Y., Lan A. and Vu-Khanh T (2013). Outdoor weathering of polyamide and polyester ropes used in fall arrest equipment, J. Appl. Polym. Sci., 130 (5): 3058–3065.

BBC 2011: BCC Research (2011). Nonwoven Filter Média : Technologies and Global Markets. Report AVM043C.

Barhate R.S., Ramakrishna S. (2007). Nanofibrous filtering média: Filtration problems and solutions from tiny materials. Journal of Membrane Science 296(1-2): 1-8.

Barany T., Karger-Kocsis J., Czigany T. (2003). Effect of hygrothermal aging on the essential work of fracture response of amorphous poly(ethylene terephthalate) sheets, Polymer Degradation and Stability 82(2): 271-278.

Burgoyne C. J., Merii A. L. (2007). On the hydrolytic stability of polyester yarns. Journal Mater. Sci. 42:2867–2878.

Bemer D., Regnier R., Calle S., Thomas D.et al. (2006), Filtration des aérosols, performance des médias filtrants.
http://www.hst.fr/inrspub/inrs01.nsf/IntranetObjectaccesParReference/HST_ND%202241/$File/ND2241.pdf

Coste G. (2004). Cours sur les non-tissés.
http://cerig.efpg.inpg.fr/tutoriel/non-tisse/page02.htm.

Contal P., Simao J., D. Thomas, et al. (2004). Clogging of fibre filters by submicron droplets. Phenomena and influence of operating conditions. Journal of Aerosol Science 35(2):263-278.

Cassidy P. E., Mores M., Kerwick D. J., Koeck, D. C. (1990). Recent advances in the chemical compatibility evaluation of geosynthetic materials. In Proe. of 4th Intl. Conf. on Geotextiles, Geomembranes and Related Products, ed. Den Hoedt, Balkema, Rotterdam, ISBN 90 6191 1192: 685-688.

Cassidy P.E., Mores M., Kerwick D.J., Koeck D.J. et al. (1992). Chemical resistance of geosynthetic material, *Geotextiles and geomembranes* 11: 61-98.

Daels N., De Vrieze S. et al. (2011). Potential of a functionalised nanofibre microfiltration membrane as an antibacterial water filter. Desalination 275: 285-290.

Demetris E. George P. et al. (1995). Effect of the Sb_2O_3, Catalyst on the Solid-state Postpolycondensation of Poly(ethy1ene terephthalate), Journal of Applied Polymer Science 55: 787-791.

Davies C.N. (1973). Air Filtration, Academic Press-London-NewYork.

El Aidani R., Dolez P., Vu-Khanh T. (2011). Effect of thermal aging on the mechanical and barrier properties of an e-PTFE/Nomex® moisture membrane used in firefighters' protective suits. Journal of Applied Polymer Science. 121 (5) 3101–3110.

Fang Y., Guo-Dong F. et al. (2008). Antibacterial effect of surface-functionalized polypropylene hollow fiber membrane from surface-initiated atom transfer radical polymerization. Journal of Membrane Science 319: 149-157.

Frising T., Thomas D., Contal P., Bemer D. (2003). Influence of filter fibre size distribution on filter Efficiency calculations. Chemical Engineering Research and Design 81(9):1179-1184.

Frising T., (2004). Étude de la filtration des aérosols liquides et de mélanges d'aérosols liquides et solides. les-Nancy.

George E.R. Lamb. Costanza P., Miller B. (1975). Influences of Fiber Geometry on the Performance of Nonwoven Air Filters, Textile Research Journal 45: 452.

Gijsman P., Meijers G., Vitarelli G., (1999). Comparison of the UV-degradation chemistry of polypropylene, polyethylene, polyamide 6 and polybutylene terephthalate, Polymer Degradation and Stability 65(3): 433-441.

Halse Y., Koerner R.M., Lord JR A.E. (1987). Effect of high levels of alkalinity on geotextiles, Part 2: NaOH solution, Geotextiles and Geomembranes 6(4): 295-305.

Halse Y., Koerner R. M., Lord A. E. (1987). Effect of high levels of alkalinity on geotextiles. Part 1. Ca(OH)2 Solutions. Geotextiles and Geomembranes 5: 261-282.

Halse Y., Koerner R. M., Lord, A. E. (1987). Effect of high levels of alkalinity on geotextiles. Part 2. NaOH solution. Geotextiles and Geomembranes 6:295-305.

Hekmati AH, schacher N.K. L et al. (2011). Non-Tisses De Nanofibres De Pa-6 En Structure Multicouches Obtenus Par Electrofilage, 20ème Congrès Français de Mécanique Besançon, 29 août au 2 septembre 2011.

Han Yong J. (2005). Chemical resistance and transmissivity of nonwoven geotextiles in waste leachate solutions, Polymer Testing 25:176–180.

Horz R. C. (1986). Geotextiles for drainage, gas venting and erosion control at hazardous waste sites. EPA Report 600/2-86/085, Environmental Protectio Agency, Cincinnati, Ohio, USA.pp.2/26-2/44.

Hache J. (1997). Décantation – Filtration, technique de l'ingénieur PE1415.

Koerner R. M., Lord A. E., Hsuan, Y. H. (1992). Arrhenius modeling to predict geosynthetic degradation. Geotextiles and Geomembranes 11:151-183.

Laetitia V. Van Schoors, (2007). Vieillissement hydrolytique des géotextiles polyester (polyéthylène téréphtalate) - État de l'art, BLPC • n°270-271, oct/nov/déc 2007.

Laetitia V. Van Schoors, Lavaud S., et al. (2009). Durabilité des géotextiles polyester en milieu modérément alcalin, Rencontres Géosynthétiques.
http://www.geotech-fr.org/sites/default/files/congres/rencontres/201-208.pdf

Lambert S. (2000). Les géotextiles : fonctions, caractéristiques et dimensionnement.
http://hal.archives-ouvertes.fr/docs/00/46/40/10/PDF/AN2000-PUB00008182.pdf

Mathur A., Netravali A. N., O'Rourke T. D. (1994). Chemical Aging Effects on the Physio-Mechanical Properties of Polyester and Polypropylene Geotextiles. Geotextiles and Geomembranes 13:591-626.

Morgan R. J., Pruneda C. O. et al. (1984). Hydrolytic degradation of kevlar 49 fibers. 29th National SAMPE Symposium and Exhibition Volume 29: Technology Vectors., Reno, NV, USA, SAMPE.

Pawlak A., Pluta M., Morawiec J., Galeski, Pracella M. (2000). Characterization of scrap poly(ethylene terephthalate). European Polymer Journal. 36(9: 1875-1884.

Payen J. (2009). Études de développement des structures fibreuses non-tissés dédiées à la filtration de particule fine e l'air, thèse soutenu à l'université de Valenciennes et du Haihaut- Cambrésis.

Purchas, D. and K. Sutherland (2002). Handbook of filter Média. Elsevier ISBN: 978-1-85617-375-6.

Reinert G., Fuso F. (1997). Stabilisation of textile fibres against ageing, Review of Progress in Coloration. 27: 32-41.

Rollin A.L. (2004). Long term performance of geotextiles, 57ième congrès canadien de géotechnique long term performance of geotextiles . ing., Feic, Fcsme, Montreal, Canada.

Rollin A.L. (1999). Comportement à long terme des géotextiles et des géomembranes Géosynthétiques. Matériaux et applications EAT1999.

Raynor P.C., Leith D. (2000). The influence of accumulated liquid on fibrous filter performance. Journal of Aerosol Science 31(1):19-34.

Slater, K. (1985). Progressive Deterioration of Textile Materials -1: Characteristics of Degradation. Guelph, ON., University of Guelph. Dept. of Consumer, Studies.

Slater, K. (1986). Progressive deterioration of textile materials. Part I: Characteristics. The Textile Institute 77(2): 76-87.

Slater, K. (1987). Progressive Deterioration of Textile Materials - Part II: A Comparison of Abrasion Testers. The Textile Institute 78(1): 13-25.

Sprague C. J. Leachate (1990). Compatibility of polyester needlepunched nonwoven geotextiles, AASTM STP 1081, R.M. Koerner (Ed) American society for testing and materials, Philadelphia, PA.

Thomas D., Penicot P., Contal P. et al. (2001). Clogging of fibrous filters by solid aerosols particles Experimental and modelling study 56(11): 3549-3561.

Vaughn E.A. (2013). Nonwoven Manufacturing Technology Overview, INDA report,

Venkatachalam S. Shilpa, Nayak G. et al. (2012), Degradation and Recyclability of Poly (Ethylene Terephthalate), chapter 4, in Polyester a book edited by Hosam El-Din M. Saleh, ISBN 978-953-51-0770-5, 26.

Verdu J. (2000). Action de l'eau sur les plastiques, Techniques de l'Ingénieur, traité Plastiques et Composites, AM 3 165.

Verdu J. (2000). Vieillissement chimique des plastiques : aspects généraux, Techniques de l'Ingénieur, traité Plastiques et Compostes, AM 3 151.

Verdu J. (2002). Différents types de vieillissement chimique des plastiques, Techniques de l'Ingénieur, traité Plastiques et Compostes, AM 3 152.
Wett B., Demattio M. et al. (2005). Parameter investigation for decentralised dewatering and solar thermic drying of sludge. Water Science and Technology 51: 65-73.

Xin peng W., Kitai K., Changhwan L., and Jooyong K. (2008). Prediction of Air Filter Efficiency and Pressure Drop in Air Filtration Média Using a Stochastic Simulation, *Fibers and Polymers* 9(1): 34-38.

Ziyu Chen, Hay J.N., Jenkins M.J. (2013). The thermal analysis of poly(ethylene terephthalate) by FTIR spectroscopy, Thermochimica Acta. 552: 123– 130.

Ziyu Chen, Hay J.N., Jenkins M.J. (2012). FTIR spectroscopic analysis of poly(ethylene terephthalate) on crystallization, European Polymer Journal 48: 1586–1610

Nom du document : Manuscript, Phuong Nguyen-Tri, Université du Québec, Finale
Répertoire : C:\Phuong NGUYEN TRI\PROJETS ETS\Comtaminants\Rapports\Finale\Nouveau dossier
Modèle : C:\Users\pnguyen-tri\AppData\Roaming\Microsoft\Templates\Normal.dotm
Titre :
Sujet :
Auteur : ETS
Mots clés :
Commentaires :
Date de création : 2015-04-17 10:31:00
N° de révision : 2
Dernier enregistr. le : 2015-04-17 10:31:00
Dernier enregistrement par : Nguyen Tri, Phuong
Temps total d'édition :256 Minutes
Dernière impression sur : 2015-04-20 10:12:00
Tel qu'à la dernière impression
    Nombre de pages : 109
    Nombre de mots : 17 552 (approx.)
    Nombre de caractères : 96 537 (approx.)

yes

Oui, je veux morebooks!

I want morebooks!

Buy your books fast and straightforward online - at one of the world's fastest growing online book stores! Environmentally sound due to Print-on-Demand technologies.

Buy your books online at
www.get-morebooks.com

Achetez vos livres en ligne, vite et bien, sur l'une des librairies en ligne les plus performantes au monde!
En protégeant nos ressources et notre environnement grâce à l'impression à la demande.

La librairie en ligne pour acheter plus vite
www.morebooks.fr

OmniScriptum Marketing DEU GmbH
Heinrich-Böcking-Str. 6-8
D - 66121 Saarbrücken
Telefax: +49 681 93 81 567-9

info@omniscriptum.com
www.omniscriptum.com

Printed by Books on Demand GmbH, Norderstedt / Germany